新中式造园

叶科　蔡辉　编著

江苏凤凰美术出版社

前　言

庭园作为一个时代的产物，是人类由物质追求转向精神追求的一项重要标志。若造园活动在民间兴盛，则意味着社会经济的繁荣，而自古以来不乏“盛世造园”的先例。我从业至今 20 年，正是中国经济高速发展的时期，也有幸见证了这一观点。

在这 20 年的造园工作中，我和我所服务的客户，都经历了“从对西方文化的盲目追求，到对中国文化的自信，以及回归传统”的造园发展过程，其间最大的体会便是——“造园是一项为生活增添美与诗意的事业”。

不同的时期，大家对美的理解是不同的，从最初涌现的田园混搭风情，到第二代主流造园的欧陆风情，再到当下盛行的现代禅意与新中式风格，格调之美，各有千秋。

对于造园风格，其实无所谓“谁比谁更优越”，只有“谁比谁更适合”。它们包括“适合我们的生活习惯”“适合我们的审美情趣”“符合我们的情怀”，以及“符合我们梦寐以求的理想家园”。

因此，在经历大浪淘沙的众多造园方式中，“新中式庭院”逐渐被人们所推崇，这是大多数别墅园主的终极选择。因为，中式庭院所呈现的魅力，与根植于我们内心深处的文化基因和生活价值观是最为契合的。

那么，新中式造园有哪些令人称道之处呢？首先，其师法自然的造园理念彰显了自然之美，承载着自然雅韵；其次，通过现代设计手法的改良，将生活形态和美学情怀进行了完美结合，不仅能呈现传统的深厚古韵，也可体会现代的轻盈与精致之美；再次，作为中国传统文化演绎出来的当代设计，是生活美学的代表，“琴棋书画、诗酒花茶”，也是一种新的生活方式。

造园，是一项艺术与技术高度融合的工作，需要依托大量的知识积淀，并博采众长。更重要的，还需要通过大量的工作实践，将这些储备的知识转换为具体技能。这个过程，既是工作，也是一种研究与探索。可以说，造园就是一场让从业者终其一生自我完善的修行。

“他山之石”可以方便我们借鉴探索，确立正确的方向，并增进工作效率。在多年的实际设计与营造工作中，这些经验与教训的归纳整理，既能让自己“温故知新”，也希望能为初入行业的同道在工作的摸索中提供引导，为造园爱好者或正待修建花园的园主提供专业知识的普及，这便是此书编撰的初衷。

书中的案例与图片均出自重庆和汇澜庭景观设计工程有限公司（以下简称“和汇澜庭”），其中饱含了团队成员近年辛勤的劳动与集体智慧的成果，特以此书来宽慰这些与我共同奋斗在造园一线的伙伴们。

此外，还要特别感谢那些为我们工作提供舞台的园主朋友们，正是有了他们的支持与信任，我们才能有机会发挥专业所长，成就自己的作品。

和汇澜庭作为一家专注于庭院设计与建造的专业单位，一直致力于造园的实践，秉承“专于景、至于艺”的工作理念，也始终践行“花园让生活更美好”的从业初衷，在造园之路上不断学习、砥砺前行，并期待与有志之士共同推动造园行业的健康发展。希望借助此书的出版获得更广泛的交流，也希望能得到同行与更多造园爱好者的批评指正。

和汇澜庭　叶科

2023 年 8 月

目 录

第四部分　造园分享

第一部分
新中式庭院景观特点

一、自然而富有诗意

自然分为两类：一种是初始状态下的第一自然，是无法被人掌控的；另一种是通过农耕或畜牧生产改造驯化过的第二自然，通俗来讲就是“田园化”，呈现出被人掌控的状态。不同地域的文化差异，形成了不一样的生产方式，也形成了各自不同的“第二自然”场景。

东方的诗意之美大多立足于田园生活。我国古代村落大多依山傍水而建，历来推崇“有良田、美池、桑竹之属，阡陌交通，鸡犬相闻”的桃源生活场景，这也间接形成了当时达官显贵及文人墨客的造园倾向。他们虽然身处闹市，却想体验“游历乡野”“采菊东篱下，悠然见南山”的山水情怀，感受诗意的古典园林魅力。

在当代的中式庭院造景中，通过解码古典园林的核心理念，以适当的方式转译并输出表达，就是新中式造园最具诗意的表述方式。

第一自然景观

第二自然造景，虽为人作，宛如天开

二、精致而饱含质感

所谓庭院，通常是指建筑物前后或被建筑物包围的场地，空间大多受到局限。因此，需要在细节上凸显精致，方能打动人心。新中式庭院中的精致，必须是有质感的精致，而这种“质感”，正是赋予庭院厚重感的重要因素。

新中式风格的“新”，是基于现代审美的发展以及生活方式的变化，形成了与古人不一样的审美需求，但又保留了古典园林文化传承的核心部分以及人文要素，从而孕育出来的“新中式”。因此，在新中式庭院中，我们能感受到现代简洁与古典元素的融合性。

现代风格的主要特点是简约，它能瞬间抓住人们的眼球，让人快速获得好感，深受年轻一代园主的喜爱。而一些崇尚古典文化的园主，希望自己的园子有更多展现文化底蕴的内容与元素，并呈现厚重的质感，让简单的景观状态不显枯燥和乏味。于是，新中式庭院便应运而生。

新中式风格的庭院，从现代的秩序中透露出厚重的文化积淀，其文化元素与山水意境充实着空间。它犹如一瓶陈年酒酿，历经时间的侵蚀，越久越有味道。

复杂而有序，简洁却不失变化，时尚但不缺底蕴，这是新中式庭院的景观特点，也是一座庭院呈现给我们的“质感”。

⬆ 时尚但不缺底蕴的新中式小景

⬆ 厚重的文化元素随处可见

三、内敛而不失大气

新中式庭院的美是一种内敛的含蓄美，情感的表达不会“直来直去”。它会委婉诉说，点到为止，让人回味无穷。这种不显锋芒的低调蕴含着力量，不显山露水，但却气势磅礴。新中式庭院的内敛和大气主要体现在以下几个方面：

第一，布局迂回。在新中式庭院布置中，需要尽量避免过于直白的布局关系，不要一览无余，这样会使人觉得缺乏层次。同时，景点的关系也需“你中有我、我中有你”，相互穿插，相互交融，某一景观要素不宜过于尖锐与强势。

⬆ 中式庭院讲究曲径通幽，避免一览无余

第二，造景自然。新中式庭院的景观形态多取自然之境，核心景点搭配的材料也多为自然之材，如利用植被、山石等规划景观布局等，使其带有历经岁月的痕迹，也在大自然的洗礼中褪去了锐气与浮躁。

⬆ 根据现场客观条件进行布局，呈现“小中见大”的景观效果

⬆ 模拟大自然的美景，营造微缩式景观

第三，色彩质朴。新中式庭院的色彩通常为柔和的灰色调，给环境带来安静的感觉，避免了大红大紫的喧嚣与浮夸。灰色可以形成基底，能承载与包容多样的色彩。作为大自然中最常见的色彩，灰色具有朴实及与人亲近的特征，看似平常，但包罗万象，有容乃大。

←↑ 青砖黛瓦是一种古老淳朴的文化符号，有着古色古香的典雅气质

第四，空间流畅。新中式庭院的空间布局虽然迂回，但也需敞亮。依据传统人居的文化观念要求——“门前有明堂”，园中不能一味地讲究“迂回”与“藏匿”，也需要适当的“开阔”与“显露”。

在大多数庭院占地面积不太宽裕的情况下，如何使其变得敞亮呢？“以虚称实”就是常用的方法之一，即以“虚空间”的迂回衬托出“实空间”外显的开阔，这种“大开大合”的流畅空间能让人体会到“行云流水”般的畅快。

⬆ 新中式庭院的空间结构需开合有致，方能彰显景观的韵律

第五，山水意境。在新中式庭院中，最核心的景观莫过于“山水”，山水入院，犹如自然之脚踏入园中。山石自身固有的纹理及硬度质感等表象特征，在景观建造层面，有着深厚的美学意蕴。它们包裹着千年风霜的痕迹，尽显沧桑与厚重。

“山水意境”取材于自然，是自然风光的浓缩与提炼，似岩、似崖、似峦，大气磅礴。山水为庭园注入了灵魂，也创造了气势，尽显自然与浑厚。

↙↑ 山水为庭院注入了灵魂，也创造了气势，尽显自然与浑厚

第六，格调稳重。新中式庭院的气质与格调是趋于沉稳的，一山、一树、一砖、一瓦都尽显典雅。灰色调的稳重赋予了庭院高级感，简单而统一的色调成就了空间的骨干与力量，不需过多修饰，就能让人产生无限遐想与向往。

↙↓ 一山、一树、一砖、一瓦都尽显典雅

第二部分
景观营造技巧

一、空间布局

庭院设计的首要工作是“空间布局”，它需要整合一切信息与资源，通过空间这一载体进行呈现，是庭院设计的基础工作。一个好的空间布局是成就一个美丽庭院的前提条件与关键因素。

庭院的空间布局主要立足于以下几个方面。

首先，要读懂场地。空间布局技巧的探讨不能脱离基地的现状条件与周边关系，不同的现状条件采取的布局策略也不尽相同。

◆ 基地形态

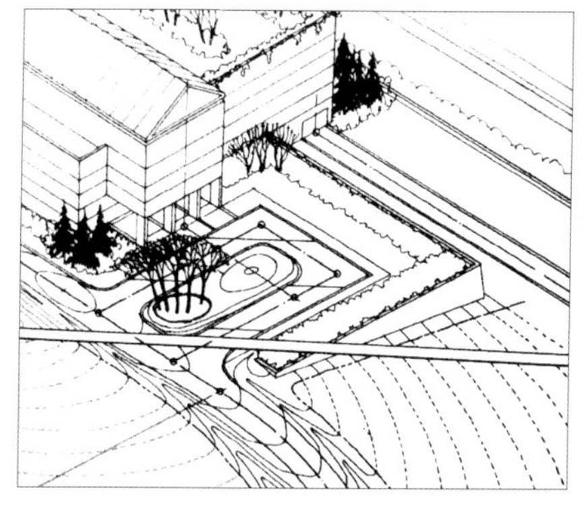

· 边界形态
· 高差层次
· 尺度体量
· 周边关系
· 空间体感

◆ 基地区位

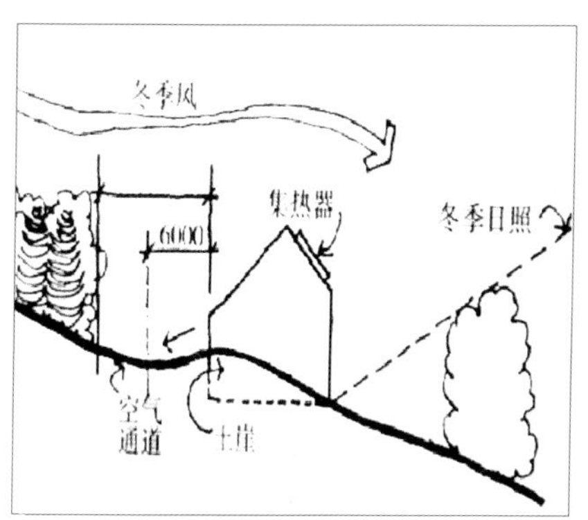

· 气象条件
· 区块关系
· 交通条件
· 地势方位

◆ 基地资源

· 风景资源
· 植被资源
· 景观遗迹
· 负面资源

◆ 上位规划

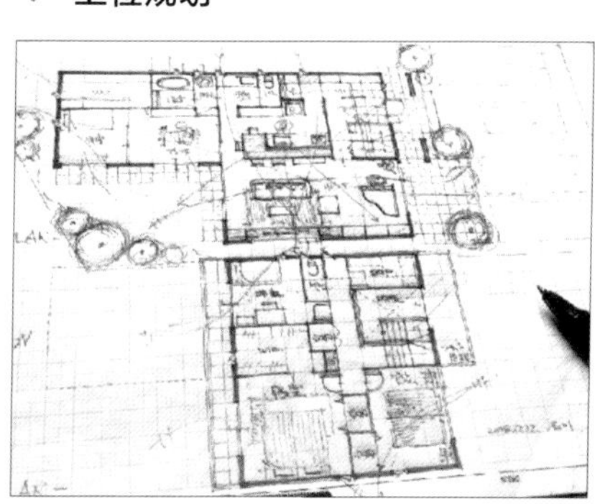

· 土建改造
· 室内设计
· 建筑外观
· 场地整洁
· 设施规划

其次，需关注尺度。未结合具体尺度的空间布局，注定会是“空谈误园”之举，也是年轻设计师容易“翻车”的地方。空间尺度是否合适，直接影响到人进入空间的体验感与场地所呈现的气质。可以说，庭院的空间布局，也是一场在空间中寻求舒适尺度的平衡游戏。

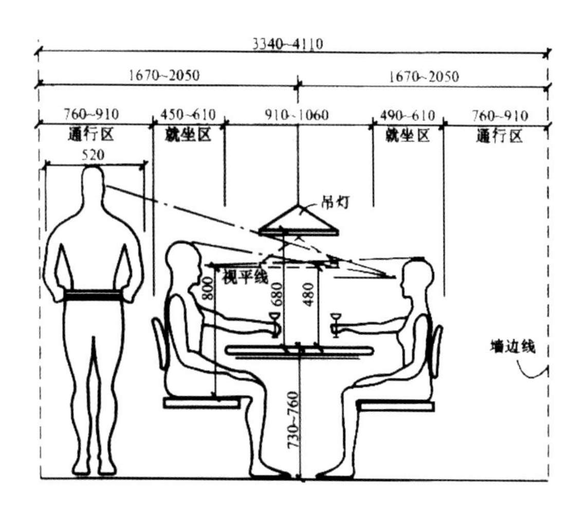

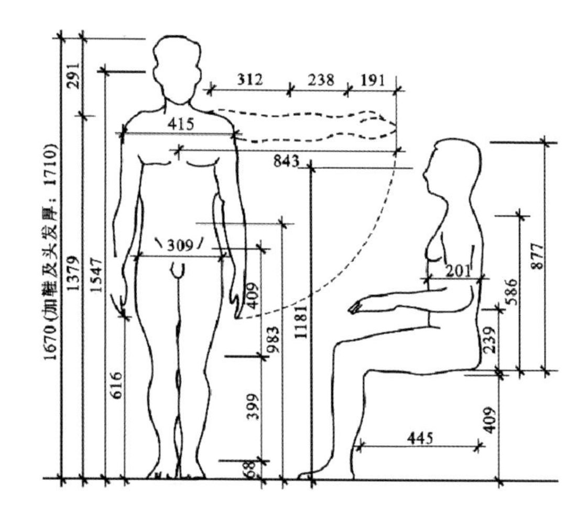

⬆➡ 空间布局应符合人体的尺度与心理感受（尺度单位：毫米）

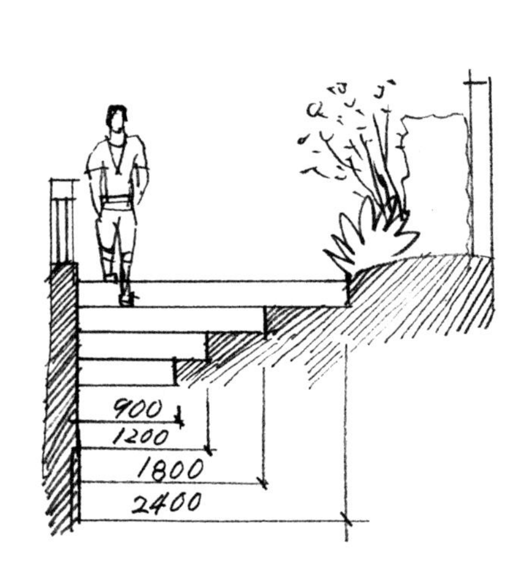

⬆ 楼梯尺度（900mm 为最小尺度，1200 ~ 1800mm 为紧凑型尺度，2400mm 为宽松型尺度）

⬆ 对景尺度（2000mm 为紧凑型尺度，4000mm 为舒适型尺度）

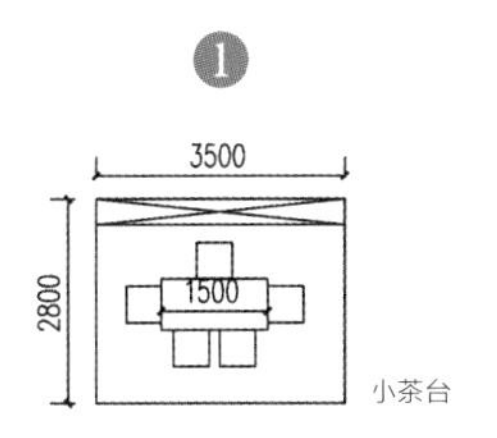

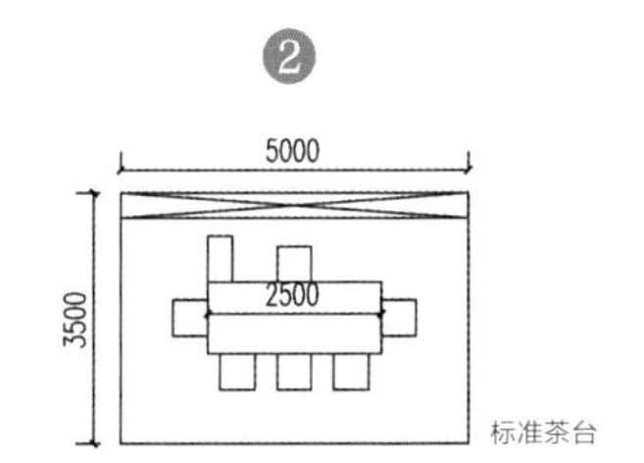

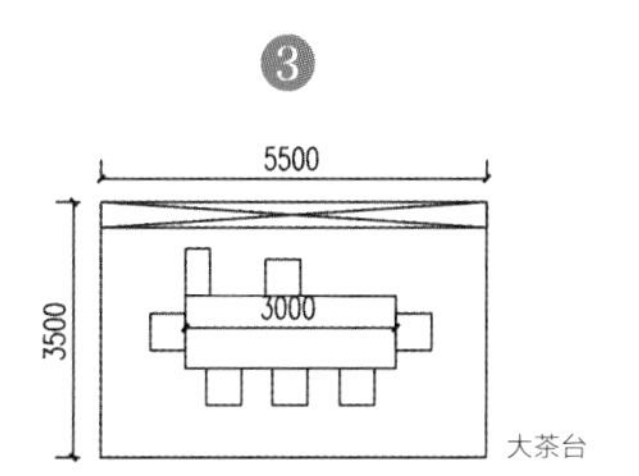

⬆ 空间决定茶台尺度

最后，需注重文化内涵。在不同的文化背景下，空间美感有着不同的表现与阐释。因此，探讨新中式庭院的布局，就需定义“东方美学”下的庭院空间之美，它有别于西方的直白之美，注重“含蓄”与“赏心”。

⬇ 整形的驳岸、精致的护栏在景石的点缀中方得生趣，体现东方庭院的空间之美

西方的景观之美注重“悦目”

庭院的空间布局看似千头万绪，对造园师的能力与工作经验也有一定的要求，但大致可以归纳为塑造空间、平衡尺度、经营视线、统筹风景四个方面的技能。这些技能可充分体现造园师的专业素养，应给予充分的重视。

1. 塑造空间

庭院的空间塑造是一个彰显场地特点但同时也消除场地缺陷的工作过程。其塑造的空间多变而丰富，是一次矛盾与统一的相互平衡。空间通过景观塑造，极力追求大自然与生活的呼应，实现庭院与自然的完美融合，也即中国古典园林所推崇的“天人合一”之境。

在狭小的庭院中，保持空间的流畅尤为重要，但流畅不等于不作为，要用局部的收缩与分割，使空间更显舒适，追求心理上的通透

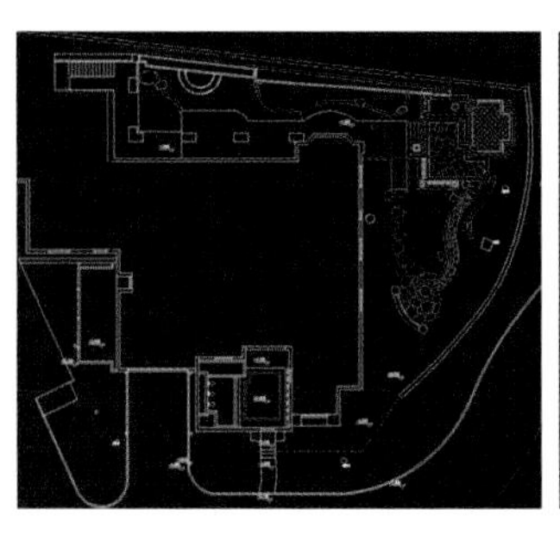

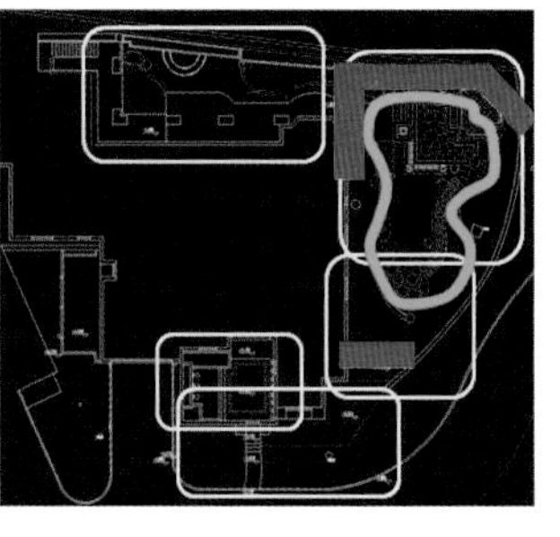

庭院设计需要探索空间的最佳解题策略，这种策略的应用会赋予空间最恰当的构造处理

（1）内向与外向

在庭院与周边空间的关系处理上（如周边无景可观或需塑造一个安静且完整的空间次序），空间采取围合、封闭的方式，称之为“内向型空间塑造”。若基地周围环境优美，可通过开敞或通透的手法外借风景，空间采取开放的方式，称之为“外向型空间塑造”。

判断庭院的空间策略是造园工作的重点，用一句话概括，即“外部有景向内借之，外部无景围而造之”。

↑ 外向型空间塑造

↑ 内向型空间塑造

（2）隔断与串联

在庭院塑造中，通常会有多个独立的小空间并存，这些独立空间之间需要存在一种逻辑上的关系。这种关系，即使在形式上有阻断，也应存有心理上的联系，即“笔断意连”。

隔断与串联的技巧，就是在探讨空间之间的关系，也就是经营空间的整体布局。这种布局包括四种变化——断、联、收、放。“断”或“联”是关系问题，宽处分割，窄处串联；“收”或“放”是对比关系，收处密不透风，放处则疏可跑马。

⬆ 空间的宽敞与狭小并无绝对的大小定义，其实就是一种心理感受，只有通过“小”的对比方能显“大”，也只有通过压抑的密实方能衬托宽松的舒畅。因此，空间要不断地进行阻断与联系、遮蔽与开放

（3）平整与高低

空间塑造除了平面布局，还应考虑竖向的变化。不同的竖向层次可为空间带来更为丰富的景观体验与空间特色，有利于营造自然的氛围，形成“远近高低各不同”的空间场景。

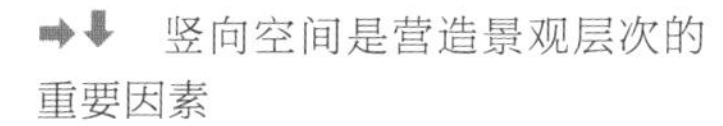
➡⬇ 竖向空间是营造景观层次的重要因素

2. 平衡尺度

在相似的空间形态下，现场条件所形成的不同尺度感，会给人以较大的体验差异。俗话说“细节决定成败”，尺度平衡是体现空间布局的重要细节。

在庭院设计中，尺度需要把握两个要领，一是人的舒适体感对尺度的需求，二是依据现场状况空间能实现的最佳尺度条件。

⬆ 在不同区域都能感觉舒适的尺度，必定是运用现状条件的情况下兼顾人的体感需求

（1）分与合

在庭院布局中，通过切分与合并的手段对空间进行调整与推演，以实现最佳的空间尺度。也就是说，设计中应根据不同的空间属性，对空间尺寸关系进行增补或减少，最终达到整体空间尺度的平衡。

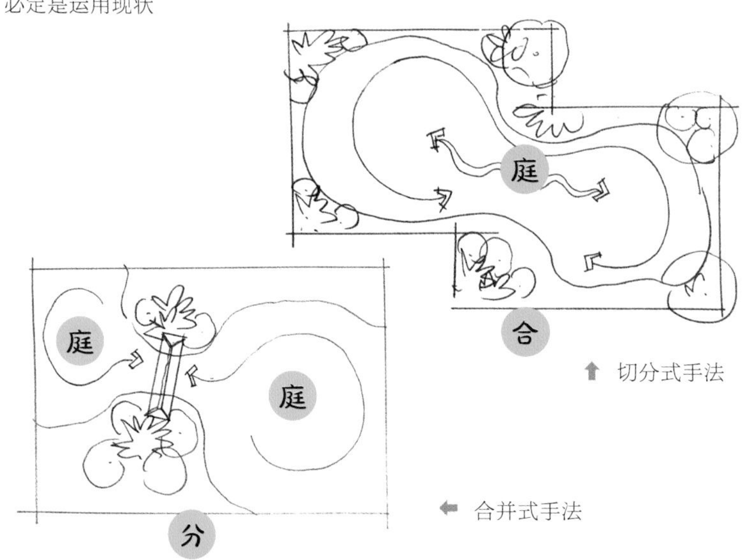

⬆ 切分式手法

⬅ 合并式手法

（2）大与小

不同尺度的空间会形成不同的空间气质，若设计尺度接近人体行为的体感，会让人觉得舒适，过大会让人产生敬畏，过小则给人压抑的感觉。因此，通过大小变化可形成压抑尺度、舒适尺度、宽松尺度和夸张尺度。

小空间给人压抑感，大空间尺度略显夸张

（3）近与远

近与远是真实的空间距离，也是一种心理感觉。在新中式庭院的营造中，本书所要探讨的“近与远”，是在恒定的空间条件下，通过塑造技巧来营造空间远近的变化。

在造园布局中，通过折叠与展开的手法，可以营造出心理或视觉上的远近变化，如步行路径会形成“远”的感觉，景点显于眼前则给人“近”的感觉。另外，空间层次的多少也是造成远近感觉的重要手段，A、B两点间形成阻挡的层级越多，心理空间距离就越远，反之则越近。

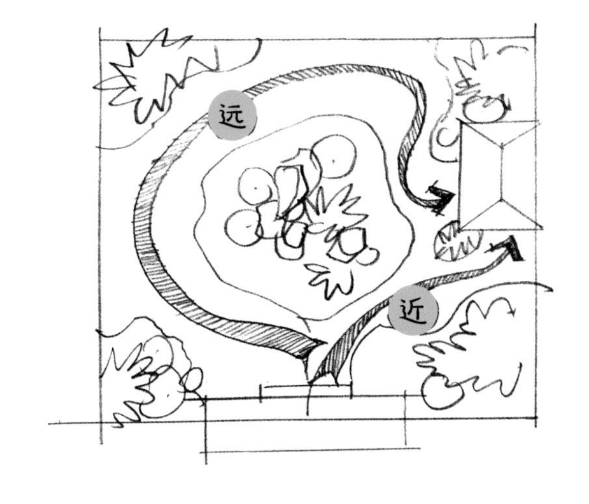

迂回的道路是塑造空间与心理尺度的重要手段

3. 经营视线

如把庭院的风景比作生意的本钱，那对院内视线的处理就是做生意的手段，也就是“经营”。一项生意的成败不单取决于本钱的丰盈，更重要的是经营方面的智慧与执行。在庭院营造上，除了拥有良好的风景与基础，还需对视线进行巧妙地运用与统筹，才能让风景的价值更显突出，让风景与人融为一体。

⬆ 看与被看

（1）看与被看

庭院中的构筑物，既是被看的风景，也是驻足停留与视线观赏的最佳点位。因此，在经营视线的过程中，把观赏点设在什么地方就是一个技术性的问题，既要让其能观赏到最佳的风景，同时构筑物本身也要融入风景，成为风景的一部分。

（2）“藏”与“露”

所谓“藏”与“露”，是对视线的管控，对游览过程中能看什么与不看什么的艺术处理，也即“犹抱琵琶半遮面”。东方庭院空间的营造注重神秘感，一眼看透，便索然无趣，庭院的韵味往往体现在“藏”与“露”之间。好的空间应在进入之前就令人充满期待，游览其中处处惊喜，并对未入视线的区域充满遐想。通过调动想象力，在脑海里所形成的画面，远胜眼前所见之实景。

⬇ 遮挡与露出

4. 统筹风景

造园不只是造景，而是需要统筹安排区域内外对场地形成影响的一切资源，有利资源需要利用，不利或对主体形成干扰的资源需要屏蔽。因此，哪些景该用，哪些景不用，该怎么用，需用多少，这些都对整体形成的意境尤为重要。在统筹风景的过程中，手法可以不拘一格、灵活多变，不同的状况采取适合的造景技巧，是成败的关键。

（1）借景

借景是指对庭院以外的景观资源进行巧妙利用，通过构图和空间的规划以及景点统筹，使其融入庭院的景观次序，并让外部环境与内部空间形成关联，以此提升庭院景观效果的造园技巧。

借景运用的关键在于发现与利用。首先，需要发现风景资源，要有把外部景致作为造园资源的设计意识，同时需要有发现美的独到眼光；其次，“借”就是利用的意思，所谓利用，核心工作在于一个“巧”字，即“巧借风景”。在布置景观关系时，需把外部的风景放在主要的位置上，让内部造园围绕外部风景的构图关系来设计，以此“引景入画”，就可以给人浑然一体的景观效果。

内部造园宜围绕外部风景的构图关系来进行设计

（2）框景

框景是指通过构筑物或人为的布置设定固定观赏点，形成一个有限的观赏区域，以此对风景画面进行取舍。这个“框”，是让人工构筑的景观设施与自然景观融合的一种手段。

框景的造景手法可以在大空间中实现空间的选取，达到最为舒适的环境设计；在小空间中，也可通过对视线的屏障创造出具有延伸感的虚拟空间感受，让人觉得意犹未尽；还可以通过周边留白，排除繁杂信息对主题风景的干扰，强调主景的中心位置。

⬆ 框景具有延伸视线的空间感受

（3）对景

对景是指庭院中两个看似没有关系的要素之间所形成的一种关系，也就是一种看起来不那么刻意但又非常重要的一种布局，这是通过视线引导与联系产生的，让看似孤立的个体有机融合。

同时，对景也是引导方向的中心点，起“点景”的作用，营造上需给人眼前一亮的惊喜。它是一个节点到另一个节点转换的提示，是一个空间次序的终点，有收聚视线的作用；也可能是另一个次序的起点，有峰回路转之意。在一定条件下，对景的“对”与“被对”是可以互为风景的。

⬇ 对景可以是一面景墙

↑ 对景也可以是一组优美的植物，对景的“对”与“被对”是可以互为风景的

（4）漏景

漏景是指有目的性地透露其障景背后的风景，而不是一览无余，这样能使人按设计者所设定的方位与途径发现其藏匿的风景。因此，在设置障景时留下空窗与空隙，故意使部分景致若隐若现、半遮半掩，可加强游人对风景的期待，同时也延伸了空间，少量的“剧透”更能吸引游人的视线。

漏景的处理方式，可以是围墙上的一扇透窗、石壁上穿透的洞穴，也可以是一片树林中故意留出的缺口……

↗ → 不同形状的透窗呈现不一样的风景画面

二、置石

置石，自古以来都是中式园林的灵魂所在，而脱胎于传统园林的新中式庭院更是将其表现手法用到了极致。石是庭园的骨点，撑起了园中的阳刚之美，是岁月的痕迹，是历经沧桑的见证，也是园中永恒的诗意。

古诗有云："山无石不奇，水无石不清，园无石不秀，室无石不雅……"，在新中式庭院设计中，置石的运用很大程度上决定了造园工作的含金量与附加值。因此，要真正打造完美的新中式庭院，造园师需要具备"点石成金"的高超置石技艺。

1. 置石的表现手法

新中式的置石技巧，是以中国传统的造园技法为根基，提炼其精髓，贯通其思想，并融合了新时代的特色审美与生活体验，最终呈现出来的全新景观营造手法。现代先进的工程设备与优良的开采及运输条件，大大提升了景石的体量规模，这是古代置石无法比拟的。

纵观现存的经典名园，由于古代的工程技术及生产力低下，置石仅能做到"意到"与"传神"，但在现代的技术支持下，达到"意到且神形俱佳"的水平完全不在话下，这也使得如今的置石效果能达到大气风雅且精致的新高度。

（1）传统手法

是指采用传统园林常用的太湖石，遵循古法置石技巧与选石、堆石手法，营造具有传统苏州园林意境氛围的置石方式。

⬆ 传统手法置石——太湖石孤置

⬆ 传统手法置石——太湖石驳岸

（2）现代手法

采用现代工艺与设计理念，突出意境，简化置石技巧，常采用独石镶嵌或景石切割手法，使其融入景观造型，营造出简洁而具有禅意的庭院氛围。

➡ 现代手法置石——切片石布景

⬆ 现代手法置石——泰山石镶嵌

（3）混合手法

采用现代景石材料，借鉴部分传统的置石手法，但表现出来的场景是一种趋于自然山水意境的、非古也非现代的景观效果。

➡ 混合手法置石——自然山水表现

⬇ 混合手法置石——自然流水景观

2. 选石

置石最重要的工作从选石开始，如同烹饪中成就的一道佳肴，首先需要挑选出最合适的食材。根据庭院追求的意境与调性，主要从 4 个方面挑选景石，包括选类、选色、选形和选纹。类型与色彩赋予了石头不同的气质，在同类型景石中，形态与纹理的差异又形成了不同的用途特点与造型品质。

不同类型景石的特点与气质

类型	主要特质	筛选要点	代表图片
山石	锐气	◎以观形为主，对纹理要求不高，但石上有老皮者为上品。形态应尽量圆润，避免太过尖锐、生硬和破口	
湖石	柔美	◎以观形为主，讲究“漏、透、瘦、皱”，造型奇异者为上品	
江河石	浑厚	◎需形态、纹理俱佳，有一定骨感，要圆中带方、宁方勿圆，纹理宜清晰，呈条云状	
加工石	精致	◎按设计要求定形、定纹，加工到位	

3. 造山

造山的目的是为了增添庭院的自然氛围，而不仅仅只是作为园中装饰。应突出其与地形的融合性，避免单独作为孤峰，成为点缀。

只有能进入的山才具有自然的意境，不能进入的是微缩模型，虽有其形，却无神韵，无法给人舒适感和沉浸于场景的体验感。因此，所造之山应给人的感觉是“真山”，而不是“假山”。

（1）山势技法

① **高远法。**自山下而仰山巅，谓之高远。采用高远法造山，能显山露水，营造巍峨高岭扑面而至的壮丽风景。以高大景石作为入院玄关的手法也属“高远法”之一。

② **深远法。**自山前而窥山后，谓之深远。山掩其后，只闻水声，未窥全形，其中真意须慢慢品味。

⬆ 高远法造山——高大巍峨的泰山石假山

⬆ 通过加强假山的层次退进关系，可以得到较强的景深效果

➡ 延长假山层次也属“深远法”

③**平远法。**自近山而望远山，谓之平远。绵绵山水无穷无尽，神游其间感觉七窍清明。

⬆ 采用散点式布置的太湖石假山营造“平远”的意境

⬆ 采用切片叠石，使绵绵的山形横向展开

（2）山形技法

① **山形隐于地形。**要让假山造得自然，就一定要与地形发生关系，不可孤零零地堆置。山石造景须给人浑然天成的感觉，要让人觉得原本这里就有一座山坡与环境一起，隐于地形之中，形成“见山不是山”的意趣。

⬆ 与地形完美融合的黑太湖石假山

② **绿植软化刚硬。**山石若无绿树陪衬，便缺少了生趣。有绿植覆盖与遮挡的山石更感厚重与坚实，也多了一份神秘，还让坚硬的山石多了一份温情与柔和。

➡ 假山与植物相融合

③ **峰藏于山外。**山石是需要进退显出层次的，但大多数庭院受限于场地，无法给予堆山足够的场地进深。因此，最好的方法就是将山造出延伸感，把山的关系做到原本划定假山区域的外部，让山外的石与假山主体的石形成一个整体的层次及画面。

也就是说，造山不能只关注山的“主体”，还应关注山的“外围”，让园中置石既是点景，又是副峰。

假山以外的山峰状置石

④ **人行于景中。**庭院中的假山最好是方便进入与亲近的，参与其中会增添几分趣味。身临其境方能体会景中的细节，这是站在景外观赏所无法体验的，也传承了传统园林“可观”“可游”“可居”的造景理念。

➡ 可游览的假山

⑤ **园皆于山中。**庭院中的假山通常会成为园中主景，其余景观需与其形成呼应关系。如此设计与布局，才能使假山成为该园的意境主体，使其具有“园皆于山中”的强大感染力。

➡ 假山与庭院场景完全融合

4. 驳岸

园林驳岸按断面形状可分为整形式和自然式两类。在新中式庭院建造中，为体现禅意与简洁，对于水系较为狭窄的区域，宜采用规则式水体或平滑流水线布局。这种布局的驳岸常采用整形式，用石料、砖、混凝土或金属板等建造整形岸壁。

⬆ 规整的水池

⬆ 规则的驳岸干净整洁

对于侧重于表现山水与自然意境效果的新中式庭院来说，常采用自然式山石驳岸或有植被的缓坡驳岸，以达到模仿自然与再现自然的景观效果。自然式山石驳岸可做成滩、崖、岩、矶、岫等形状，采取“上伸下收、平挑高悬”等形式。

⬆ 自然式山石驳岸

⬇ 自然的荷塘与鱼池

（1）水岸置石技法

① **滩**。滩处在水线之间，微露出水面，或浅水微微淹没其上，让岸线舒缓，给人以随时都会随水的涨落淹没或露出的感觉，十分生动有趣。

⬆ 均匀布置的富贵绿景石形成的“滩”

⬇ 自然式驳岸营造的“滩”自然没入水中

② **崖**。主要指驳岸置石与水形成的陡峭岩壁，用来拉开岸与水的高差。山石或高地陡立的侧壁面体量较大或岸线较长，形成强烈的视觉对比，既突出岸的高峻奇险，也表现出水的宁静与深邃。

➡ 水岸的假山有时也是“崖”的一种表现形式

⬇ 低矮的台地与水面形成的高差，也是营造“崖”的重要区域

③ **岩。**指岸边小体量的岩石组合形成的山峰，多作为岸线的节奏变化与点缀，以烘托出水岸的自然感与强烈的次序感。岸边的大块岩石就像乐章中的鼓点，是水岸的骨架，也是次序的创立者。

⬆⬆ 水岸起伏的“岩”为水系带来了生趣与自然

④ **矶。**指水边突出延伸至水中的独立岩石或水中低矮的礁石，通常用来丰富岸线变化，加强水与岸的穿插，让彼此渗透与融合，同时也给人以层次感。

⬇ 矶形似山，可作为假山的延伸

⬆ 矶也可以作为穿越水面的路径

⑤ **岫。**主要指水岸置石所形成的洞穴，扩大了观赏者的心理边界，也丰富了对洞穴的空间想象。岫使原本刚硬的驳岸变得灵动，让水岸的关系呈现多样化，凸显出虚实的变化。

➡ 水岸的洞穴可以让岸线更加生动，也更符合水中岩石的自然形态

(2) 次序置石技法

①**前后交替。**驳岸置石宜前后错落搭配，不宜过于平而直，需通过景石进退安置形成曲线形岸线关系，用来增强变化，模仿自然。

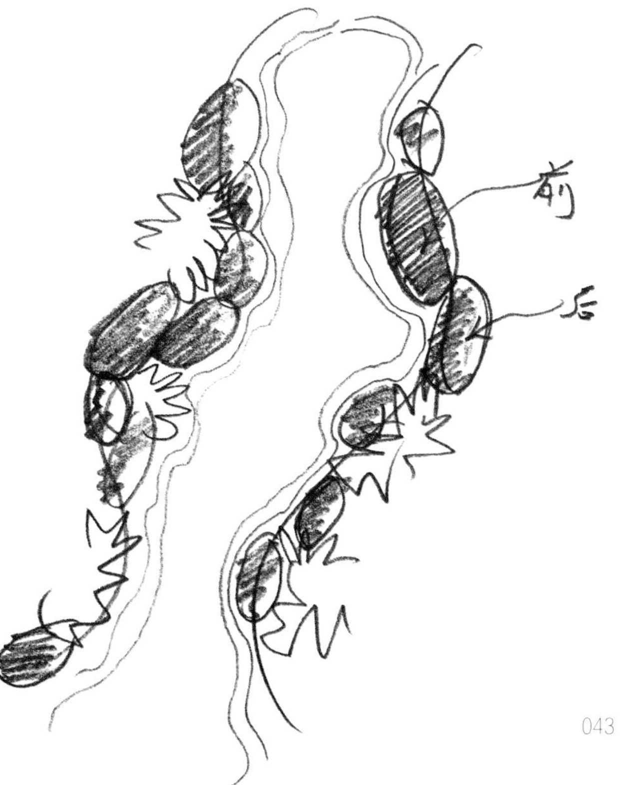

➡ 前后交替置石法

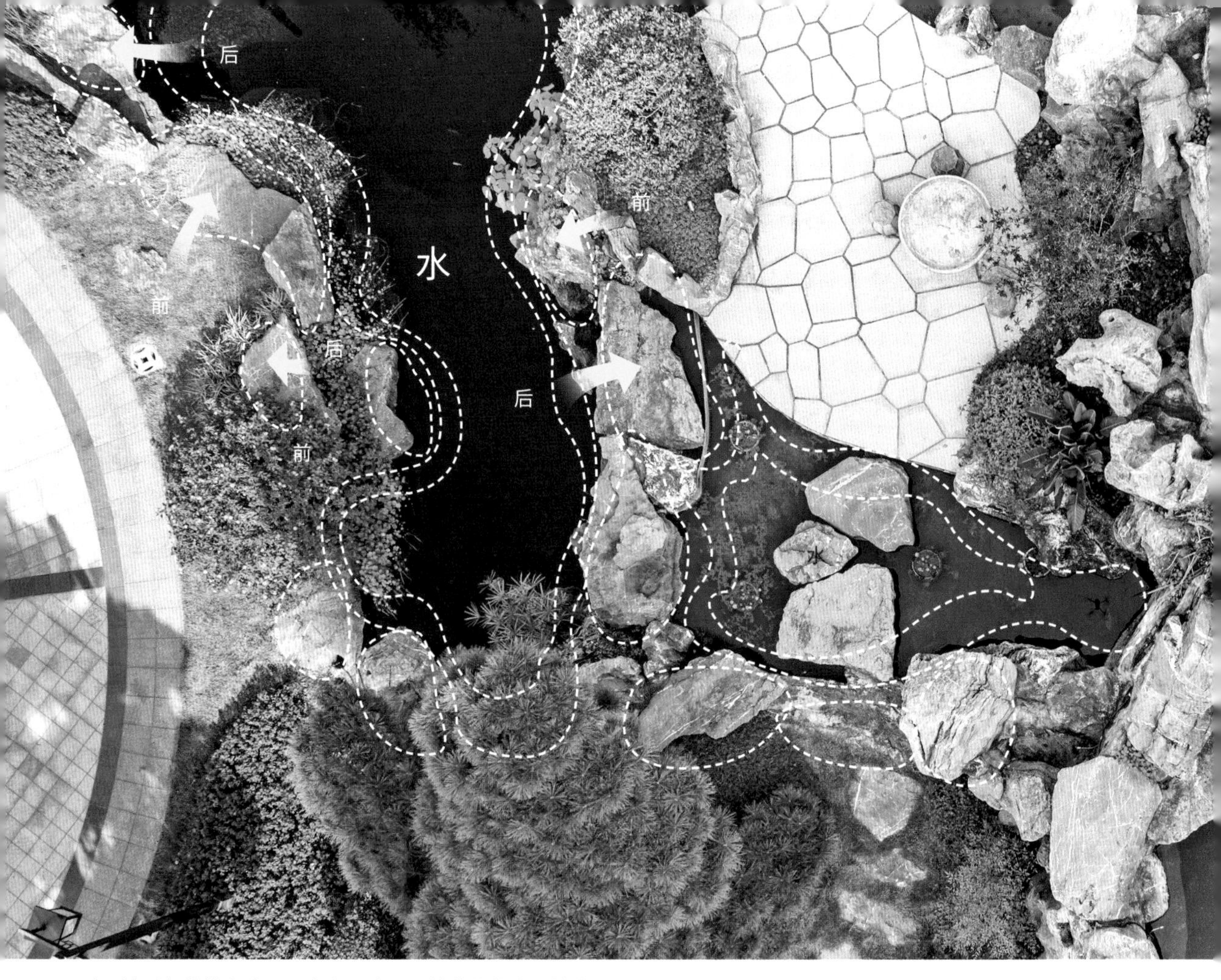

⬆ 前后交替的水岸可以突出驳岸置石的整体节奏与韵律

⬇ 蜿蜒流畅的水岸清爽灵动，却又不失自然生趣

② **虚实相间**。水岸造景最忌平铺直叙，不可用景石“一收到底”，中段需预留植物穿插配置，或以不同形态的驳岸置石手法交替布局，使其变化丰富，呈现多趣形态。

⬇ 虚实相间的水岸置石为沿水的植物提供了种植与生长空间

⬆ 景石缝隙中生长的花草展现出生机与顽强

③ **动静结合。**如水岸规模较大，为使驳岸不刻板，可在岸边增设水源流入，让安静的水线多些灵动，也更显自然。

⬆ 景石与流水交相呼应，形成“明月松间照、清泉石上流”的美妙意境

⬅ 流水潺潺，石面上的褶皱会随机塑造出更为生动的水流，更具自然之意

（3）融合置石技法

① **山水相依。**置石不可只关注“石”，而是要通过石头来塑造水体，同时也通过水的“柔”来衬托石头的“刚”，两者相辅相成，互为关系。因此，置石中通常把山与水作为一个整体来考虑。

⬆⬅ 庭院中“有山”必“有水”，有山无水不“灵”，有水无山则缺“魂”

② **相互渗透。**置石作为新中式庭院的灵魂，并不代表全部。进行景石布置时，始终需从庭院的整体来构思，不可孤立于其他景观要素而存在，只有做到彼此呼应、相互渗透、各领风骚，方为大成。

⬆ 石能配树，树能衬石，山中有水，水中有石，浑然天成

➡ 置石永远只是庭院景观的一部分，只有融入其中方显魅力

5. 布景

（1）抱角

将景石置于外墙角称为抱角，通常布置在围墙、花池、水池等景观设施的转角处或交接处。抱角是为了减少墙角线条平板呆滞的感觉，增加自然生动的气氛。抱角置石可打破其原有的次序，削其尖角形成自然的效果，让人感觉石为原有，景为依石而建。

（2）镶隅

将景石置于内墙角称为镶隅，布景方式与抱角一致，只是位置不同。镶隅通常布置在围墙或花池等设施的内角，以补充内凹处容易被忽略的景观弱势区域，能在不经意处给人眼前一亮的惊喜。

⬆ 水边的置石嵌入平台

⬋ 墙角的置石可以丰富围墙的景观趣味

⬇ 布置于墙角的景石犹如院外的磐石破墙而入，让人对院外的风景充满遐想

（3）涩浪

将景石置于出门的台阶处，并形成有进退次序的踏步称为涩浪。在中式庭院中，建筑入口的台阶常用自然山石做成“如意踏跺”，形成浪推石滩之景，给人以“踏园入水”的意境，明代文震亨所著《长物志》中称之为“涩浪”。

（4）磐石

园中半埋于土中的独石或组石称为磐石，可独立成景，也可与植物组合成景。根据其体量大小，若大可为主（主石称“蹲”），若小则为客（客石称“配”）。通过将部分石体掩埋处理，让人对掩埋的尺度充满遐想，外露部分会给人冰川一角的感觉，能营造厚重与刚硬的景观效果。

磐石的最佳造景效果就是要让石头如同土生土长一般，需浑然天成，不能有造作之感。

⬆ 门前的石阶让人提前感受到庭院中的自然气息

⬆ 院中的巨石提升了景观的厚重感

⬆ 磐石也可作为庭院的点睛之笔

三、理水

如果说山是园林的骨架，那么水就是园林的血脉。“无水不成景，无水不成园”，水有活园之效。水多变的形态和丰富的内涵，为庭院空间的设计增添了浪漫的色彩和深远的意境。

不同形态水体意境

类别	主要特质	水体意境	代表图片
寓泉	活泼	◎明月松间照，清泉石上流。泉眼无声惜细流，树阴照水爱晴柔	
寓瀑	震撼	◎万丈红泉落，迢迢半紫氛。奔流下杂树，洒落出重云	
寓渠	神秘	◎花红易衰似郎意，水流无限似侬愁	

续表

类别	主要特质	水体意境	代表图片
寓塘	悠闲	半亩方塘一鉴开，天光云影共徘徊。问渠那得清如许？为有源头活水来	
寓湖	平静	湖光秋月两相和，潭面无风镜未磨	

新中式庭院的理水之道脱胎于苏州园林的技艺，而苏州园林的理水艺术在古典园林设计史上可以说是一颗璀璨的明星，其“以水取景、景水生辉”的核心理念，达到了极高的艺术境界。

北宋著名画家郭熙在《林泉高致》一书中写道：“山以水为血脉……故山得水而活……水以山为面……故水得山而媚。”苏州园林理水往往以静态为主，流水为辅，这种结合充分体现出“静中有动、动中有静”的和谐设计理念。

理水类型

类别	体现方式	基本特征	代表图片
点水	小品、水钵	◎指节点区域采用小体量水景的方式所形成的小品，常应用于较小规模的庭院或花园中的某一角落。 ◎起画龙点睛的作用，形态小巧精致	 
带水	河道、水带、溪沟	◎指园中呈狭长形态的水系。 ◎主要作用是对空间进行分割、串联与延伸，营造“小中见大”的景观效果。 ◎以带水环绕景观空间，可形成环岛的意境	 

续表

类别	体现方式	基本特征	代表图片
面水	鱼塘、泳池、开阔水池	◎指园中相对开阔或较大尺度的景观水面，在景观布局中具有统领空间的作用	
静水	镜面水、水塘	◎指具有安静水面特征的水系景观。 ◎以平静而简洁的水景形成空灵的景致，引人沉思，抚慰心灵	
动水	跌水、瀑布、喷泉、溪流	◎指具有流动形态的水景。 ◎给人以生机、自然、动感等特性。 ◎如同园中的精灵，能让庭院变得出彩有趣	 

理水的设置在于对园林空间内外环境的融合与理解，需要根据庭院的设计理念与构想的意境相匹配，做到恰到好处。

实践操作中，水可以作为主体对空间进行统领与串联，但现代的居家庭院需要承担更多家庭功能的外部延伸，因此，庭院布局会趋于紧凑，更多的时候，水景是作为一个辅助于庭院的点景元素出现。但无论是作为主体也好，辅助也罢，其塑造的想象与发挥空间都是很大的，手法也较为多样。

1. 收放

收放是指空间布局中产生的一种美感，营造水体时，水面形态最忌无趣刻板，水系宜开合有序，收放有致，既要有涓涓细流的纤细，也须有平湖秋月的敞亮，方显空间趣味。

让人舒适的水系应聚散有致，有线有面，收与放、大与小在对比中产生美感。

水系有宽有窄，方显自然意趣

⬆ 水带的烘托让开阔水面更显大气

⬆ 水带是让水景延伸的巧妙手段

⬆ 宽塘水面安静深邃，涓涓细流让假山更显自然

2. 虚实

在理水中，“实”指水显现于人前的原则，“虚”则指水隐没于视线以外的景致。理水境界的高低，在于虚实的处理，要让庭院中的水景如美女般欲说还休，尽显东方美学的精髓。

水只有在虚实中才能产生诗意，不能一览无余，要有想象的空间。需要注意，即使是做“虚”，也应给人以“来有源、去无踪、延伸指引、笔断意连”的意境。

⬆ 水线驳岸应虚虚实实、自然转换，方能形成自然之感

⬅ 若平台临水，可加高平台，并后退池壁让水漫入，形成水面的延伸、扩张感

⬅ 跨水桥也能形成水系虚实的对比，丰富景观层次

3. 变化

动静、形态、景致等变化是理水的趣味所在，无变化则无生气，软硬相间、动静相宜是其基本特质。变化使水能在景观中产生对比，多样的变化则使景观丰富，自然感更强。

⬆ 多样的水体变化丰富庭院景观

⬆ 多样水系的呈现方式构成了一幅完整的景观画面

4. 节奏

节奏是一种美的旋律，代表理水的构思与章法，也是庭院设计时所要遵循的原则。曲与直、方与圆，有如乐章的音符与节拍，时而舒缓轻柔，时而急速酣畅，时而刚劲有力，时而清新柔美，方显美感。

⬆ 亭廊与水岸交相呼应

➡ 变化丰富的水线犹如精彩的乐章，有序而又充满惊喜

四、构筑

庭院中的构筑物能很好地为使用者提供遮风挡雨的庇护功能，其设计与布置的优劣直接关系到庭院的使用率与生活的舒适度。它既是庭院功能设施的一部分，也是风景的一部分。

构筑物在庭院中可以成为新的空间框架，能打破原有场地的格局面貌，重构景观场地的关系，赋予庭院全新的空间体验。因此，在场地的空间处理中，尤其是对原有格局与空间体验不太满意的情况下，可以考虑在构筑方面寻找突破口，以此破题来成就全新的景观效果。

作为体量最大的景观元素，构筑物对庭院的影响也是巨大的。一般情况下，构筑物的格调基本体现了庭院未来所能呈现的格调方向，如构筑物是仿苏州园林建筑的，庭院就是古典园林格调，构筑物若是简约中式格调的，那么庭院格调就倾向简约中式。

⬅ 高低起伏的构筑物为庭院增添景观趣味

⬅ 蜿蜒迂回的回廊与挺拔舒展的亭轩，构成了庭院的基本框架

1. 布局

构筑的关键在于恰当的布局，布局的恰当与否在于其所依托的底层逻辑及原理运用是否正确。新中式庭院的构筑布局，主要体现在功能需要、造景需要和建筑延伸 3 个方面。

（1）功能需要

构筑的布局首先依托于功能需要，如无功能需求则布置无用，强行设置反为园主增添烦恼。其用途主要为连接交通、休闲停留、品茶聚会、晾晒储物等，是庭院生活所需的功能延伸与居家功能的补充完善。

⬆ 不同的构筑物承担起不同的功能，这些功能又丰富了居家的趣味性

（2）造景需要

不同的构筑物呈现不一样的景观效果，布置的位置不同、体量不同、形态不同，均会形成较大的景观差异。

① 若场地较大，需将构筑物设置在景观空旷处，以充实景观画面。

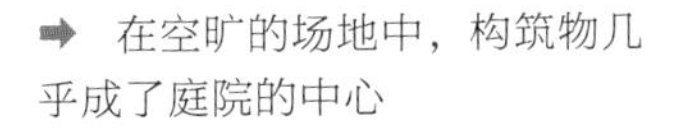

➡ 在空旷的场地中，构筑物几乎成了庭院的中心

②若场地较小，宜将构筑物设置在场地周围，以造成空间延伸的感觉。

⬇ 设置在场地前端的构筑物可视为建筑的外部延伸，也与外部风景形成了更好的互动与景观交互

③若场地过于开阔，缺乏舒适感，则需通过构筑物切分场地，形成多个院落格局，丰富景观层次。

⬇ 在开阔场地中，构筑物实现了空间的分割

（3）建筑延伸

构筑物需看作是建筑的外部延伸，是与主体建筑相互呼应和关联的重要元素。因此，庭院构筑在布局时，不能脱离原建筑而孤立存在。

在较远处所设的构筑物可以作为建筑的前哨，渗透进入庭院。分割的庭院又会穿插入构筑物，与建筑间形成“你中有我、我中有你”的交融感，既扩大了建筑辐射度，也强化了景观层次。

庭院布置中，不同的构筑方式在建筑延伸方面的作用与效果也各有不同。

建筑延伸角度构筑的不同方式

类别	基本特征	代表图片
亭	◎作为前哨型构筑物，多布置于庭院距建筑较远的区域，作短暂休憩与停留观景	
	◎构筑物呈点状，具有很好的场地控制力，并彰显建筑空间延伸的提示性作用，“以点带面”进行空间延伸	
廊	◎具体引导动线的带状构筑物，是延伸区域两点间的连接设施，是实实在在的功能纽带	
	◎线路较长，是庭院中建筑延伸控制感最强的部分	

续表

<table>
<tr><th>类别</th><th>基本特征</th><th>代表图片</th></tr>
<tr><td rowspan="2">轩</td><td>◎是庭院构筑物中最接近室内使用功能的设施，可作为居家功能的补充</td><td></td></tr>
<tr><td>◎是居家功能外延的重要依托，也是让庭院提升使用频率的重要设施</td><td></td></tr>
<tr><td rowspan="2">架</td><td>◎包括花架与棚架，形态相对简易，主要功能是辅助居家的功能外扩，但又不会过于凝重或引人关注。
◎花架主要是作为植物攀爬覆盖的支架使用，其下方虽然可以容纳休憩等功能，但不会作长时间停留</td><td></td></tr>
<tr><td>◎棚架主要是在室内空间不足的状态下作为一些必要功能设施外置的覆盖物，作遮雨或挡光等使用，如停车、洗衣晾晒等建筑功能性关系的延伸使用</td><td></td></tr>
</table>

续表

类别	基本特征	代表图片
门	◎指进出庭院的院门，是庭院的“脸面”，也是游览的起点，能成就庭院形成完整的游览序列。 ◎多以构筑物的形式呈现，形成独立的门头，并与围墙形成和谐的次序，也是院内风格的外部呈现	
	◎多与院内构筑物的格调相协调，并加以强调，凸显门的特色	

2. 格调与形态

新中式风格辐射的范畴较广，不同审美倾向与庭院生活的差异，也就形成了不同的格调差异。

在不同格调的新中式庭院中，小品与构筑物的体现也存在较大的形态区别，归纳起来大致可分为两类：现代格调与仿古格调。

构筑物的格调类型

类别	风格特点	代表图片
现代格调	◎构筑物简洁时尚，具浓浓的现代气息，符合当代人对庭院生活的功能需求。 ◎布置宜少而精致，与空间的统一性较强。 ◎在简洁的造型基础上适当融入中式建筑的文化符号或象征性形态，以形成新中式的景观格调	

续表

类别	风格特点	代表图片
仿古格调	◎传承了古典建筑的要素，但在当代的技术革新与审美需求下，经过改良但保留重要特征的园林建筑。 ◎呈现厚重的文化内涵与丰富的细节变化。 ◎飞檐、翘角、灰瓦、木梁、石蹲等，无不透露出对形态的讲究以及原汁原味的古典文化传承。 ◎以明清苏州园林式格调与宋式美学格调为主	

五、围挡

中华传统文化注重“以和为贵”，居家庭院也讲究“围合”，大多通过围墙的形式来形成庭院边界。由于场地受限，很多景观会与围墙同框，可见围挡在新中式庭院中的重要作用。

围挡也可以理解成是庭院“边界的塑造”，除了起到隔断与遮挡的作用，本身也是景观的一部分。在传统园林中，素有“白墙为纸，山石草木为墨”的造景手法。

新中式庭院中的围挡既是功能设施，也是景观要素，从隔挡功能上可分为“实挡”与“虚隔”，从景观用途上可分为围墙、景墙和隔断。

⬆ 围挡明确了工作的边界，也塑造了庭院的空间

1.“实挡”与“虚隔”

在设计围挡的过程中，需充分考虑其阻隔的目的与景观视线，并根据具体情况采取恰当的围挡方式。

所谓“实挡”，是指在景观空间与边界处理上，通过具有屏障作用的景观设施进行视线遮挡，让人不能轻易跨越的、实体隔挡的一种处理手法。这种手法具有清晰的边界感与私密性，有较高的安全防护作用，多用于庭院外围的围墙以及园中需要完全分离的功能分区处理。

“虚隔”是在景观空间的边界处理上，通过阻挡的同时保留部分不完全遮挡，使其视线能部分穿透，形成掩映、通透的景观效果。这种非完全遮挡的围挡方式具有较强的景观性及空间的延伸感与渗透性，多用于空间内以及外围空间进行借景与框景的景观处理上。

↑ 实挡

围墙实挡

↑ 虚隔

景墙虚隔

2. 围墙、景墙与隔断

（1）围墙

围墙是新中式庭院里的一道风景线，也是景观向远处延伸的手段之一。围墙开到哪里，庭院的风景就能延伸到哪里。它是庭院的景观基础，承载着庭院的文化功能，对内是庭院的背景与基底，对外则是景观品位的外部彰显。

① **新中式庭院围墙的颜色。**A. 多以灰白色为基础色调，以体现庭院背景的纯净与素雅；B. 遇到建筑外观为暖黄色调的情况，为使景观能与建筑更好地协调，围墙饰面的色调上可适当添加淡黄。

⬆ 多以灰白色为基调，体现新中式庭院的雅致

⬆ 围墙饰面适当添加淡黄，与暖黄色建筑协调

② **新中式庭院围墙的材质。**A. 漆面材质最能体现新中式轻松自然的意境；B. 青砖（或近似青砖的外墙砖、条形灰色石材）最能体现新中式典雅厚重的气质；C. 大面石板或仿石材砖最能体现新中式之简洁的效果。

⬆ 漆面材质

⬆ 青砖类材质

⬆ 石板或仿石材

③ **新中式庭院围墙的檐脊。**檐脊主要有瓦脊、装饰脊和石材压顶。

⬆ 瓦脊

⬆ 装饰脊

⬆ 石材压顶

④ **新中式庭院围墙的门洞与透窗。**A. 传统式即以传统中式的门洞与窗花式样进行透窗处理；B. 现代式，指以简单的图形进行门洞或开窗方式处理，如圆形月洞形式的门或窗、窄形条窗形式的透窗等。

⬆ 传统样式花格窗

⬆ 传统样式花格窗

⬆ 传统样式洞门

传统样式洞门

现代样式窗洞

现代样式窗洞

⑤ **开窗技法。**A. 功能法，指以功能需要为依托作为开窗方式与开设位置的手法；B. 构图法，指以景观画面的美观需要作为开窗方式与开设位置的手法。

⑥ **开窗方式。**A. 真窗：真正贯穿的窗洞，具有瞭望或透景作用；B. 假窗：在围墙上形成窗洞图案，但不具备贯穿的景观视线作用，仅仅作为墙面构图需要的装饰构件。

真窗

假窗

（2）景墙

景墙作为庭院的点睛之笔，通常建造于具有景观局面控制作用的重要区域，或布置于交通视线转换的重要位置，是强制性的视线引导。因此，其自身的造型与细节元素需要从周边景观中脱颖而出，承载着园主对庭院的人文期待与品位彰显。

① **传统式景墙。**常以石材或青砖雕刻的形式形成吉祥纹样，体现良好寓意。

② **现代式景墙。**常以中式门洞、窗花或山水画面及壁画形式展现，保留其基本文化要素，既具东方文化意境，又显得时尚、现代。

← 汉白玉浮雕景墙能很好地营造出传统庭院的厚重感

← 带有山水纹理的大理石切面，在简洁的现代景墙上形成优美的图画

（3）隔断

在新中式庭院中，隔断多用于空间转换处的视线阻断，如进入门厅院落的照壁，对视线进行遮挡的同时，壁上精美的雕刻与图画就能适度展露庭院格调，让人产生憧憬。又如，在庭院中，从一个空间进入另一个空间时设置的遮挡性屏障或景观提示性设施，多采取半遮蔽的形式，以保持其渗透与联系的特质。

⬆ 场地中的隔断切割形成两个不同的空间

⬆ 入门的屏风隔断保证了庭院的私密性

⬆ 植物的组团也是常用的隔断手法

⬆ 通道尽头的照壁吸引了入户的视线

六、铺装

铺装是庭院的基面，承载了生活功能的大部分需求，无论是行走、游玩、外摆设施等，只要有硬化地面的区域均须铺装饰面。

那么，新中式庭院的铺装有什么特点，在应用中如何灵活处理呢？这些均需细心观察与归纳总结。只有熟悉不同材质的特性，了解材质的不同气质与情感表达，方能把握新中式庭院铺装的规律以及运用技巧。

⬆ ⬈ 灰色调铺装里透着稳重与质朴，特别吻合新中式庭院的气质

1. 材质选择

新中式庭院铺装材料

材质	运用技巧	代表图片
花岗石	◎质地坚硬，表面平整，易于打理，仿古禅意格调宜选用灰色系。 ◎如需混搭，营造一些温馨的氛围，也可选择黄色系石材。 ◎石材表面可根据需要进行多样化加工处理，或雕刻成小品，配合不同的庭院格调	
仿石材砖	◎质地坚硬，表面整洁，易于打理，品类色泽丰富。 ◎可模仿多种石材式样，材质硬度高于石材，但不宜加工成弧形，缺角后难以修复	
青砖	◎为中式仿古风格的专属材质，原汁原味。 ◎耐污性不强，易造成污染，且易生青苔，不宜用于露天或潮湿的地面铺装。 ◎可塑性较强，可通过厚砖叠加雕刻成各式砖雕图案与纹样	
老石板	◎通过长时间的暴露使用或人工腐蚀，能形成近似自然风化或磨损的形态，包括老石板与老皮石板。 ◎给人自然的感觉，能营造“返璞归真”的郊野田园意趣	
青石	◎灰色或黑色的石灰岩（或玄武岩）感觉较温润，似青砖包浆后的效果。 ◎较青砖耐污，有一定抗滑性，可适应多样环境，但日晒雨淋后会有一定变形。 ◎也适应加工雕刻形成艺术小品	
机制石、雨花石等	◎两种材质形态均为粒石，块径大小与色彩多样。 ◎铺装的可塑性较强，主要用于地面拼花或作为散铺装饰处理	

2. 铺装样式

（1）规则铺装

规则铺装是指通过矩形规则切割的石板或砖进行有序铺装的一种方式。这种方式给人有序、整洁的感觉，主要用于大面积铺装，能创造出端庄、整洁、工整的场所体验。

⬆ 大小不同的非标尺寸“罗马拼”铺装让庭院既整洁又自然

⬆ 两种尺寸的铺装交替形成有序且不刻板的景观效果

⬅ 规则的大板铺装呈现大气极简的景观格调

（2）自然铺装

自然铺装是指通过自然状态的石板、块石、卵石进行的铺装方式。这种方式给人自然、田园的感觉，主要用于小面积的节点或园路铺装，突出轻松的空间氛围，能创造出拙朴、有趣的场所体验。

⬇ 规则石板切割（或破碎）后进行冰裂纹或碎拼样式铺装，可形成自然、有趣的景观效果

⬆ 将大块原石切片平放于地面，给人自然、震撼的印象，可营造出原生石滩的感觉

⬆ 雨花石铺装可塑性较强，可形成多样画面，颗粒的排布感觉自然质朴

（3）雕刻铺装

雕刻铺装是指对石材或青砖进行图案雕刻，形成具有装饰感的铺装点缀。这种方式给人厚重、精致的感觉，主要用于大面积铺装的线条装点，或重要节点处进行画龙点睛的着重表现，能创造出品质感与细腻感，同时也赋予铺装较强的文化氛围。

↗ 玄关处采用的“寿”纹浮雕与“蝠从天降”浮雕纹，突出了吉祥的寓意

➡ 庭院中心“富贵花开”的吉祥图案雕刻，凸显出传统文化的氛围，也成为园中的点睛之笔

3. 设计应用

实际操作中，除了掌握庭院的铺装材质及样式变化这些必要的知识以外，还需根据铺装所应用的功能区域进行具体实践，方能形成协调与合适的铺装配搭设计。

（1）大面铺装

大面铺装宜简洁清爽，强调块面拼装的次序感，多用于庭院入口、出户或集中活动的区域，也即形象展示区域或使用较频繁的区域。设计时不宜过于烦琐，以免影响景观的整体感，给场地保洁与维护增添麻烦。

想要突出大面铺装特色的区域，可在边带线条上进行少量的雕刻点缀，以增添铺装的趣味性与品质感，但前提是不影响其正常使用。

⬆ 简洁、规则的大面铺装通过装饰线条或角花的修饰，可让看似平常的铺装变得与众不同

⬆ 在极简的铺装格调下，可通过沟带分割形成空间变化，虽然简单，但给人丰富的体验感

⬆ 雕刻点缀为铺装增添了文化元素，使新中式风格的感觉更加凸显

⬆ 雨花石与条砖拼成的冰裂纹，是传统中式庭院地面铺装的经典样式

（2）节点铺装

节点铺装宜突出特色：或自然，以原石处理；或精致，以雕花或拼图处理；或工整，以精细的拼版处理等。庭院中进行节点铺装的区域包括门厅玄关、园路节点、休憩平台等。

↑ 改良后的回纹节点铺装

↑ 原石进行表面光洁清理后形成的节点平台

↑ 精致铺装形成的入户节点

↓ 庭院出户的雕刻铺装

↑ 入口玄关处可踩踏的雕刻

↑ 休憩节点的自然冰裂纹铺装

（3）园路铺装

园路铺装宜突出线性关系延续的流畅性，方式选择多样，但长度不宜太短，否则会造成流畅性欠佳。可通过平整纹理延续突出通行的舒适感，或通过间草汀步处理的方式突出游览的自然感，也可通过雨花石拼图或乱形石板拼装方式突出园路的趣味感。

⬆ 石板碎拼步道

⬆ 雨花石与青砖铺装形成的林间小路

（4）亭廊铺装

亭廊铺装宜突出工整性与材质的精细感，由于亭廊区域属于半室内空间，人停留的时间较长，加上空间压缩后身处其中会着眼于细节，对精细度的要求会变高。因此，铺装在选材上应避免过于粗糙，宜选择光洁且质地细腻的铺装材料，如青砖、青石光面、木地板（或仿木纹地砖）及地砖等。

⬇ 亭廊青砖铺地

⬆ 亭廊青石铺地

⬆ 亭廊木纹仿古砖铺地

七、照明

夜晚的庭院往往更具吸引力，在灯光的指引下，可以看见庭院最美丽的风景，也可弱化那些干扰欣赏的不雅之处。可见，照明并非只是用灯具照亮物体这么简单，而是一项“用光进行空间与氛围塑造”的艺术技法。

庭院的照明设计大致可分为灯光氛围构思、照明点位布置和灯具品类选择三大内容。

1. 灯光氛围构思

进行照明设计时，首先需在脑中构思出灯光所形成的画面，不一样的照明方式会呈现不一样的场景。无论哪种场景，舒适感应是第一位的，应该呈现出安静但不阴冷、丰富但不繁乱、明亮但不直白的空间氛围。要实现这种舒适感，需要注意以下几点：

（1）边缘外圈的乔木照明要加强

由于人对漆黑笼罩的区域带有一种天然的恐惧感，在进行灯光设计时，营造心理上的安全感就显得尤为重要。注重庭院边缘骨架乔木的灯光设计，可以形成安全舒适的庭院氛围。

（2）有亮有暗，主次分明

庭院照明需避免整体照亮，应做到有亮有暗，主次分明。主景节点或主景大树应给予充分照明，突出主景的视觉中心作用。通道、步道与休憩区光线减弱，保留正常通行的泛光即可，以保证庭院夜间的宁静与轻松氛围。

⬆ 亭、台、楼、阁等园林建筑的照明是新中式庭院照明的重要部分

⬆ 为方便夜间行走，园路需要强调照明

（3）水系的边缘与流水口务必照亮

明亮的水线泛起光亮的水波，会增添舒适与惬意的氛围，也给游览者带来安全感。

（4）场地或平台周边的灌木需有弱光

场地或平台周边的灌木需有弱光呈斑块状照亮，可以突出灌木与观赏花草的细节感，同时反射的光线又能为场地提供微弱的光亮，使庭院更显恬静与温馨，形成梦幻、浪漫的氛围。

（5）建筑的灯光氛围照明

建筑是庭院内最大的人造景观，其灯光照明对庭院夜景的氛围营造起着重要作用。如建筑照明不太理想，则庭院照明设计时应适当给予补充完善。

➡ 水线的照亮也是为了安全

⬆ 建筑外立面所形成的灯光外溢是庭院临近区域的重要照明依托

2. 照明点位布置

在实现庭院氛围构思的目标下进行照明布点，需将庭院与周边关系进行跨范围统筹，不能局限于庭院内部的灯具与光源布置，还应考虑建筑外观已有的灯光照明及室内门窗所透出的光线影响，以免形成重复照明。

庭院照明根据需求分为功能性照明与景观性照明，两者不是各自为政的独立个体，而是需要相互穿插，形成整体的照明效果。

（1）功能性照明

功能性照明是指夜间所需的必要照明光源，多以通行的交通照明和供活动玩耍的场地（或设施）照明为主，主要包括活动场地照明、游道通行照明和亭廊内部照明等。

① **活动场地照明。**临近建筑或构筑物的活动场地可依托建筑与构筑物安装壁灯进行基础照明，如照明要求较高，可利用建筑高点安装大功率投射灯，以满足活动期间的强光功能照明；若远离建筑或构筑物区域，可安装高杆的庭院灯进行功能照明。

远处安装高杆灯

利用建筑安装照明辐射庭院

② **游道通行照明。**临近栏杆或大门区域可依托栏杆柱安装柱头灯，若有梯步或花池，可在梯帮或花池壁安装梯步灯，若穿行于草坪中，可安装草坪灯进行照明。

利用扶手安装灯带照明

路旁柱灯照明

利用踏步安装梯步灯照明

穿越绿地的小路旁草坪灯照明

柱灯、梯步灯结合照明

③ **亭廊内部照明。**可根据亭廊的格调与廊内吊顶形式，采用射灯、吊灯或灯笼等进行照明。

射灯照明

吊灯照明

（2）景观性照明

景观性照明是指庭院中因夜景需要而设置的、非单纯的功能性照明光源，多用于植物、构筑物、小品、水体、假山置石等景观设施的照明。其具体应用与布置包括主景乔木照明、灌木小品照明、构筑物外观照明、水体景观照明、场地艺术照明和重要景点照明等。

⬇ 夜晚活动时，景观性照明是营造庭院氛围的关键

① **主景乔木照明。**主景乔木多处于场地的中心位置，宜采用射灯进行三面以上的多头照明。灯具安装位置宜距离树干 1.5m 以上，照射角度背向主观赏面，成仰角使树冠尽可能提亮。

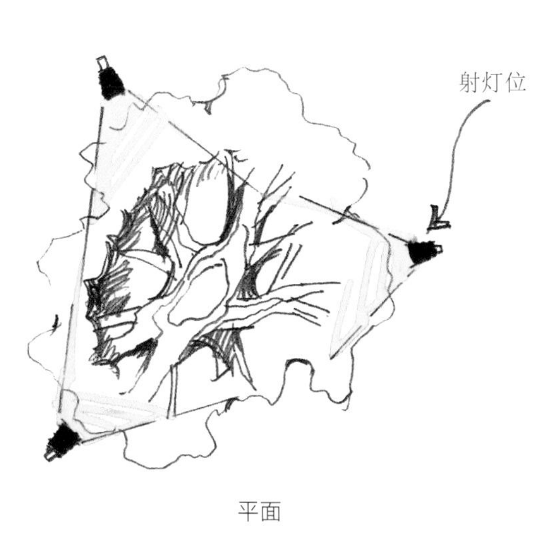

平面

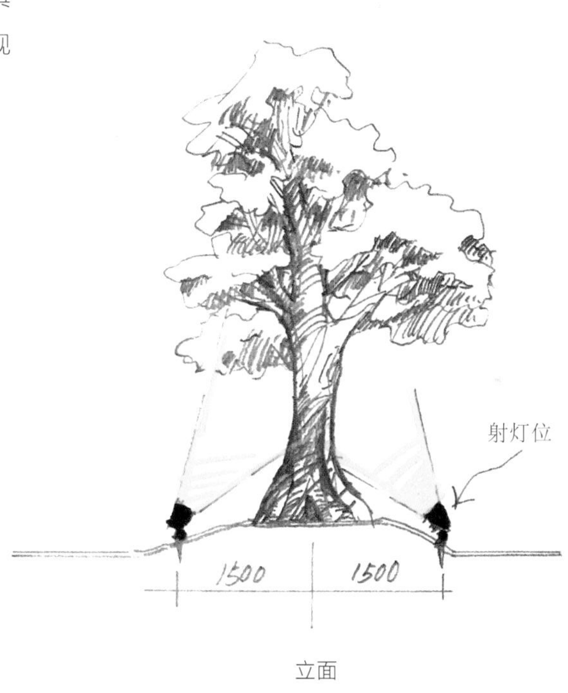

立面

⬇ 造型乔木照明

⬇ 大乔木照明

②**灌木小品照明。**灌木小品宜采取射灯照明，安装位置在灌木边沿以外或场地边沿处，背向主观赏面，使该组团整体得到均匀照射，避免距离太近造成曝光过度的白斑感。

灌木小品

⬇ 灌木照明

③ **建筑外观照明。** 建筑外观宜采取洗墙灯安装于立柱，加强立柱的线条感，另外通过灯带或射灯将建筑的顶部结构与飞檐的骨架进行强调与突出。射灯安装位置宜在横梁下延线，亭廊内角与跨梁两端区域安装两个，使结构左右均有光感。

⬆ 建筑外部柱灯照明

⬆ 建筑内部色灯照明

④ **水体景观照明。**水岸若有平台，可在平台下口悬挑内安装灯带进行照明；若无平台，采用射灯安装于驳岸置石或池壁向水面照射。该处照明功率不宜过大，建议控制在 3 ~ 5W 即可。若有流水，可在流水两旁或水前安装射灯进行照明，突出流水景观效果。

假山照明

射灯位
射灯位

水岸照明

⬇ 壁泉流水口的照明

⬇ 驳岸水岸的照明

平台水岸的照明

⑤ **场地艺术照明。**艺术照明多用于场地、台地区域，一般采取灯带照明，隐藏于边沿外挑处。连贯的灯带能强化与烘托场地的艺术感，同时也加强场地的悬浮与轻盈效果。

⬆ 灯带形成的场地艺术照明

⬆ 隐没于台面的灯带照明

⑥ **重要景点照明。**重要景点的作用不言而喻，照明需根据具体尺度与表达方式进行多元化处理。景墙一般采取射灯照明，安装位置为前区或重要装饰品前。对于有悬浮造型的区域，会采取灯带处理。而对于线性的墙面，则采取洗墙灯照明，或采用艺术灯具照明，突出其重要的视觉焦点。

⬆➡ 不同情况下，多种照明手法配合形成的景点照明

3. 灯具品类选择

根据照明目的与庭院格调选择不同用途品类、不同功率色温、不同造型样式的灯具进行搭配设计，需要造园师对不同灯具的照明与照度有清晰的认知与经验积累。

（1）用途品类选择

用于新中式庭院的灯具主要有庭院灯、草坪灯、壁灯、柱灯、射灯、灯带、梯步灯、水下灯、艺术灯和吊灯。

（2）功率色温选择

功率方面，大乔木照明建议采用 12 ~ 24W 的灯具，小乔木与高灌木建议采用 6 ~ 12W，灌木与置石建议采用 3 ~ 6W。庭院照明色温建议采用 3000K 为宜。

（3）造型样式选择

新中式庭院宜采取具有一定传统纹样图饰的仿古灯具，以突出古朴与厚重的文化气息，或选用极简格调的灯具款式，以突出简洁、个性的禅意气息。

⬆ 烛台式造型的柱灯

➡ 古朴的灯笼吊灯

第三部分
植物搭配

植物是景观的主体，在公共项目中往往占到整体面积的一半或以上。庭院由于空间尺度较小，植物的种植面积占比不一定最大，但在空间中的分量与体量感却是最大的。

植物作为新中式庭院表现意境的重要内容，主要体现出如下几个方面的属性。

第一，功能属性。首先，植物能改善微气候，吸引动物栖息，让庭院充满生机与活力。其次，植物可弥补建筑无法顾及的庭园活动需要，如覆盖降温、遮阳、隔离等，均能通过植物的巧妙处理而得到化解。

⬆ 庭院其实就是一个小小的生态系统，呵护着我们的日常生活

➡ 不同植物在庭院中各司其能，有些作用是能被我们感知的，有些则默默无闻，不可或缺

第二，空间属性。植物作为庭院中体量最大（或仅次于建筑）的景观元素，对空间的构成方式与形式优劣起到决定作用。在设计中，需根据植物的形态、尺度及在空间构成中的作用，将之抽象划分为地面、墙面、顶面、隔断等空间进行统筹思考。

具体应用中，必须遵循植物的真实尺度来展开工作，切记不能夸张，否则容易产生设计与工程效果严重不符的后果。

⬆⬈ 空间体量合适的植物处理让庭院更加舒适

尺度夸张的情况有两种：

◎在方案效果上强化植物的尺度，造成以植物氛围为亮点的景观无法实现。

◎植物冠幅尺寸与设计标注不符，造成无法采购。

第三，文化属性。在悠久的历史发展中，植物因不同的文化差异和使用习惯而被人们赋予一定的文化属性，如竹、芭蕉、松、枫等具有强烈的东方文化特征，梅花、牡丹、兰花、菊花、荷花等是中式文化的符号，圆柏、整形女贞、玫瑰、草坪草等是欧美文化的代表等。正确认识这些文化符号，有利于我们打造具有强烈意境体验与纯正风格效果的庭院景观。

竹子寓意高升　罗汉松寓意长寿　枫树代表红火　芭蕉寓意繁荣

兰花寓意高洁　荷花代表吉祥　梅花象征五福　菊花表示坚韧

一、序列节奏

植物使庭院充满了生命的特征，却又是园中最不易管控的元素。丰富与生动意味着无序，可庭院之美偏偏又来自次序。因此，合理地对植物进行序列管控与节奏把握，应贯穿于整个庭院的设计构思之中。

在新中式庭院中，植物设计的序列节奏遵循古代书画的精神内涵，注重“空”与“留白”，也奏响了“高山流水”的悠扬乐章，婉约但又觉得荡气回肠。

⬆ 庭院如同一幅山水画卷，植物就是画中的笔墨，影响着画面的最终效果

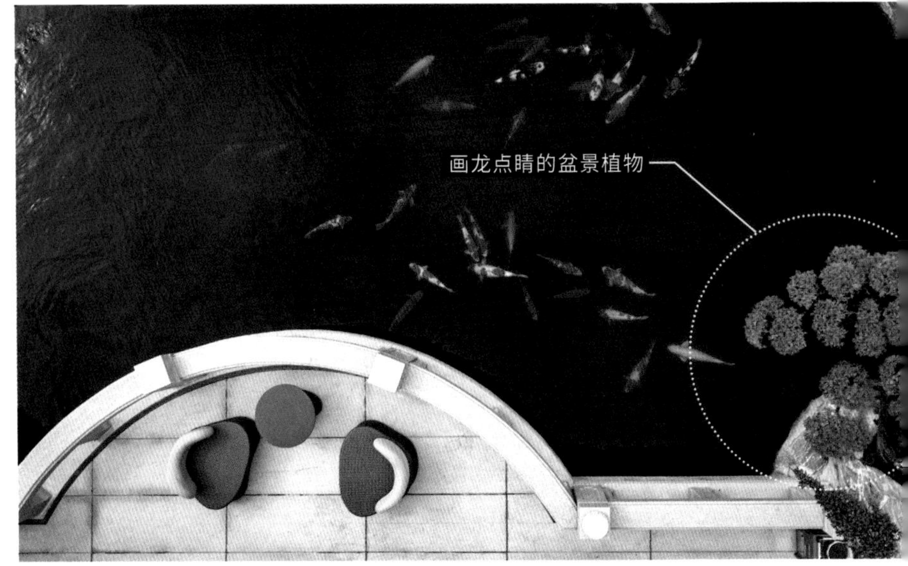

➡ 植物点缀可以让整座庭院具有神韵之美

1. 组团序列

组团序列是指植物与景观空间的整体次序营造，对空间形成与意境呈现起着非常重要的作用。在新中式庭院中，植物的组团布局承载着中国传统造园的精髓，对景、障景、框景等景观序列当疏则疏、当密则密，符合整体布局关系。

植物的组团序列多围绕骨架乔木来展开，通过与乔木形成的配搭关系，形成大小各异、景致不同的组团。

⬆ 空间组织原则——“金角、银边、草肚皮”

⬅ 植物组团游览视线

2. 林冠线序列

林冠线序列是指植物与景观天际线的次序营造，是庭院顶部界面景观营造的重要手段。当布置与选择乔木时，需特别关注乔木与乔木间、乔木与建筑间、乔木与亭廊间的高低层次及远近间隔，使庭院既能形成“绿树成荫”的自然状态，也能具有“天光云影共徘徊”的畅快与洒脱。

林冠线也是撑起空间骨架的“脊梁”，是庭院空间尺度调控的重要手段，若园中乔木高大，撑高的林冠线拔高了庭院的内空间，使其变得壮观、大气；反之则压矮了空间，使其形成小巧、温馨的空间感受。

➡ 庭院营造中，可以通过乔木的拔高来打破空间的平庸，形成耳目一新的景观效果

⬇ 根据空间大小指定树木高度，并确定间距，通过良好的间距安排与高差层次处理，形成舒服的林冠线关系，是设计的重要工作

当树与建筑相邻时，最好留有 1/3 的高度差距，如树高于建筑，可体现树之高大，生态感较强；树矮于建筑，则成为配景，体现精致感。

无天际线变化效果

增加天际线变化效果

3. 林缘线序列

林缘线序列是指庭院中灌木组团与草坪（地被）或铺装覆盖物间的线形次序营造。林缘线设计是庭院细节的重要体现点，在新中式造园中，植物的气势靠大树支撑，精致感主要依靠灌木配置，而林缘线就是灌木配置中最重要的节点。

作为地被与组团的边缘，其形态与节奏是庭院营造是否生动呈现的关键。

（1）形态宜曲不宜直

曲线的形态使组团与地被之间呈现出相互渗透和融合的效果，使其浑然一体，自然舒适。

曲线形园路

➡ 曲线是自然界中最普遍的形态

（2）段落不可一收到底

作为灌木与地被交融的边缘，不宜采用一种植物收满的方式，这样会觉得刻板无趣，与东方园林的自然、生趣特征不符，宜采用多种不同形态的植物交替配置，使其修长的林缘线丰富植物组团场景。

⬇ 起伏且富有变化的绿化边缘令人流连忘返

⬆ 地被的变化也能形成有趣的林缘关系

⬆ 灌木与地被交融的边缘，能划分出边界与小空间

二、植物选择

植物选择是造园能否按设计落地的重要环节，合适的植物品种、好的植物品相对庭院的最终呈现也至关重要，是“细节决定成败”的关键工作。它需要造园师具备丰富的空间把控能力、过硬的专业知识以及苗木市场调研经验，方能成就优秀的庭院作品。

不同的设计要求需要与之匹配的植物品类来成就，由于各地区气候条件与苗木供应的条件不同，植物选择会存在较大差异。在新中式造园中，应尽可能选择那些既有寓意又能突出舒适感的植物品种，使居者回归田园生活的自然状态。

新中式庭院常用植物选择

类别	植物品种（南方地区）	植物品种（北方地区）
大乔木及高层植物	◎ 乌桕、朴树、蓝花楹、桂花、银杏、香樟、黄葛兰、小叶桢楠木、万紫千红树、紫薇、荔枝、桂圆、柿子树、杏树、柚子树、楠竹、斑竹等	栾树、榆树、槐树、银杏、蒙古栎、茶条槭、油松、柿子树、三角枫
小乔木及中层植物	◎ 紫玉兰、红梅、樱花、日本红枫、三季红枫、羽毛枫、赤枫、九里香、米兰、柑橘树、石榴树、油橄榄树、巴西红果、嘉宝果、茶梅、树状日本杜鹃、树状栀子、琴丝竹、凤尾竹、紫竹等	红叶李、红枫、五角枫、山楂树、树状牡丹、樱花、玉兰、海棠、金叶榆、丁香、树状玫瑰

续表

类别	植物选择（南方地区）	植物选择（北方地区）
造型植物	◎ 罗汉松、黑松、针柏、黑塔子盆景、黄杨盆景、红杨盆景、茶梅盆景、佛肚竹盆景等	黑松、针柏、榆树盆景、银杏盆景
整形球灌木	◎ 龟甲冬青球、亮金女贞球、冬青先令球、小叶女贞球、金禾女贞球、四季桂球、红叶石楠球、红果冬青球、黄杨球、金姬小蜡球、银姬小蜡球、九里香球、千层金球、春鹃球、夏鹃球、非洲茉莉球、双色茉莉球、香水合欢球、结香球、木春菊球、紫牡丹球、水果兰球等	桧柏球、金叶榆球、丁香球、紫叶小檗球、卫矛球、紫叶矮樱球、冬青球、连翘、女贞球
大叶及非整形中低层植物	◎天堂鸟、鹤望兰、富贵蕨、鸟巢蕨、粉边亚麻、龙须树、小蒲葵、龟背竹、春羽、仙羽蔓绿绒、细叶朱蕉、南天竹、狐尾天冬、玉簪、百子莲、大吴风草等	玉簪
绿篱及整形中低层植物	◎火山榕、四季桂、珊瑚、红叶石楠、万年青、直立冬青、茶梅编扎绿篱、小叶女贞编扎绿篱、罗汉松柱、凤尾竹整形绿篱等	万年青、塔柏、红叶石楠、小叶女贞、红豆杉、罗汉松柱、紫叶小檗
藤蔓植物	◎蓝雪花、花叶络石、五色梅、三角梅、蔷薇、凌霄、紫藤、葡萄、常春藤、天门冬等	爬山虎、蔷薇、凌霄、紫藤、葡萄
多年生花境及低层植物	◎莫奈薰衣草、一串红、马兰、芙蓉菊、迷迭香、墨西哥鼠尾草、红花六月雪、矾根、冷水花、细叶芒草、银丝草等	红王子锦带、连翘、八宝景天、红花忍冬、沙地柏、紫穗槐
湿生及水生植物	◎荷花、睡莲、伞草、再力花、千屈菜、凤莲、铜钱草、鸢尾、百合花等	千屈菜、荷花、芦苇
地被植物	◎玉龙草、麦冬、佛甲草、情人草、中华景天、苔藓、草坪草等	植生带草坪、麦冬

对于植物品相的筛选，要严格把控品质，否则会造成之前工作的拉垮，一切努力都“前功尽弃”。市面上对于品质的管控存在着一些误区，认为“树够大、灌够圆、枝够密”就是好苗木，显然有失偏颇。只有明白植物的真正用途与设计要求，做到恰到好处的品质管控，才能呈现更好的造园效果。

三、群落构建

在庭院设计中，植物并非以单株的形式孤立存在，而是应该像大自然中的植物群落一样，形成各个生态组团，达到自然生动的景观效果。植物组团多以乔木为中心，配合其他层次的植物形成次序，既可以体现出自然感设计得庞大浑厚，也可以突出精致感设计得小巧干练。

针对不同地域与庭院格调要求，植物群落往往采取不同的搭配与组合方式，形成景观特色与差异。依据其造景效果大致可分为前景群落、障景群落、背景群落等。

植物设计首先要通过树木植被做庭院的空间补充与氛围强化，先在图面找出其空间关系，并形成设计图面构思，然后才能种植落地。

⬆（示例 A）植物组团的图面空间搭配

⬅（示例 A）搭配种植完成后的植物景观效果

⬆（示例 B）植物组团的图面空间搭配

⬅（示例 B）搭配种植完成后的植物景观效果

⬅ 前景、中景、背景群落共同形成庭院的植物空间氛围

1. 前景群落

前景群落一般布置于庭院的中心区域，作为观赏主体或烘托主体的植物组团。该类群落的特点是精致度较高，搭配清爽，具有一定的通透性，避免对后部景观形成遮挡与阻隔，同时能使其与后部透出的景观融为一体，形成视觉焦点与亮点。

精致的乔灌木组成前景群落

具有画面感的造型松树与地被共同构筑出前景群落

2. 障景群落

障景群落一般布置于庭院空间转换交接的区域，作为景观阻断或用于引导视线的植物组团。该类群落的特点是枝繁叶茂，遮挡有效，具有一定的整洁性，避免因群落体量过大造成凌乱与简单粗暴的感觉，需在搭配上通过大块面组合形成大气感。

障景可以通过高矮不同的植物群落形成

障景也可以是一棵饱满且能遮挡视线的树木

3. 背景群落

背景群落一般布置于庭院边缘交接区域，作为景观外围边界划定与隔离外部安全及视线干扰的植物群落。该类群落的特点是体量大，阻隔强，具有一定景观变化。作为庭院内部最远的人造景观，需为主景与前景提供衬托，起到帮衬作用。

⬆ 庭院边缘的乔木前后交替，共同形成自然生动的背景群落

四、色彩搭配

植物是庭院中色彩饱和度最高且控制区域最大的景观元素，也是塑造庭院气质与格调的重要手段，如活泼的色调给人轻松有趣的感觉，深沉的色调给人稳重典雅的感觉等。

1. 同色搭配

所谓同色搭配，是指在相近明度或色相的变化中通过明度与冷暖形成层次与对比。相近色的植物搭配可营造出安静的氛围，突出禅意空间色彩的纯净之感。

⬆ 在绿色的基调下，不同植物形成的深、浅、浓、淡变化给人以清爽的视觉感受

⬆ 没有过多色彩变化的庭院，呈现出宁静的景观氛围

2. 跳色搭配

跳色搭配是指通过色相或明度反差较大的植物进行搭配，以实现突出重点与改善平淡氛围的作用。这种搭配方式能体现出惊喜与欢快，如“万绿丛中一点红”，就是一种典型的跳色搭配方式。

➡ 在不同季节，绿树与花朵也会带给庭院不断变化的跳色效果

⬇ 在以绿色为基调的植物组团中，红叶朱蕉、木春菊与黄花鸢尾、紫花鼠尾草等都带有调色的效果

第四部分
造园分享

项目地点：重庆市

花园面积：$1500m^2$

设计风格：古典中式

施工周期：12 个月

主要材料：花岗石、太湖石、青砖、青瓦、木材、金属

业主需求

◎要有多元的功能设置，能让不同年龄阶段的家庭成员均能舒适地享受庭院生活。

◎建筑外部水体需很好地融入庭院。

◎需满足朋友聚会与文化交流。

项目概况

庭院占地较大，如一个“回”字将建筑包裹其中。建筑与庭院格局的完整性较强，但庭院场地并非处在平整的界面中，而是随坡而下，分别对应建筑的三个楼层标高，后院则是一个天然形成的蓄水湖面。

设计思路

本案设计中，以地为媒，引水为介，以生活质感和文化传承为核心，选用奢华与古典中式相融的设计风格，追求舒适体验感、生活仪式感、场景格调感，打造出典雅的高端生活家园。

庭院分为前院和后院，前院素雅恬静，内敛锋芒；后院大气尊贵，尽显奢华。

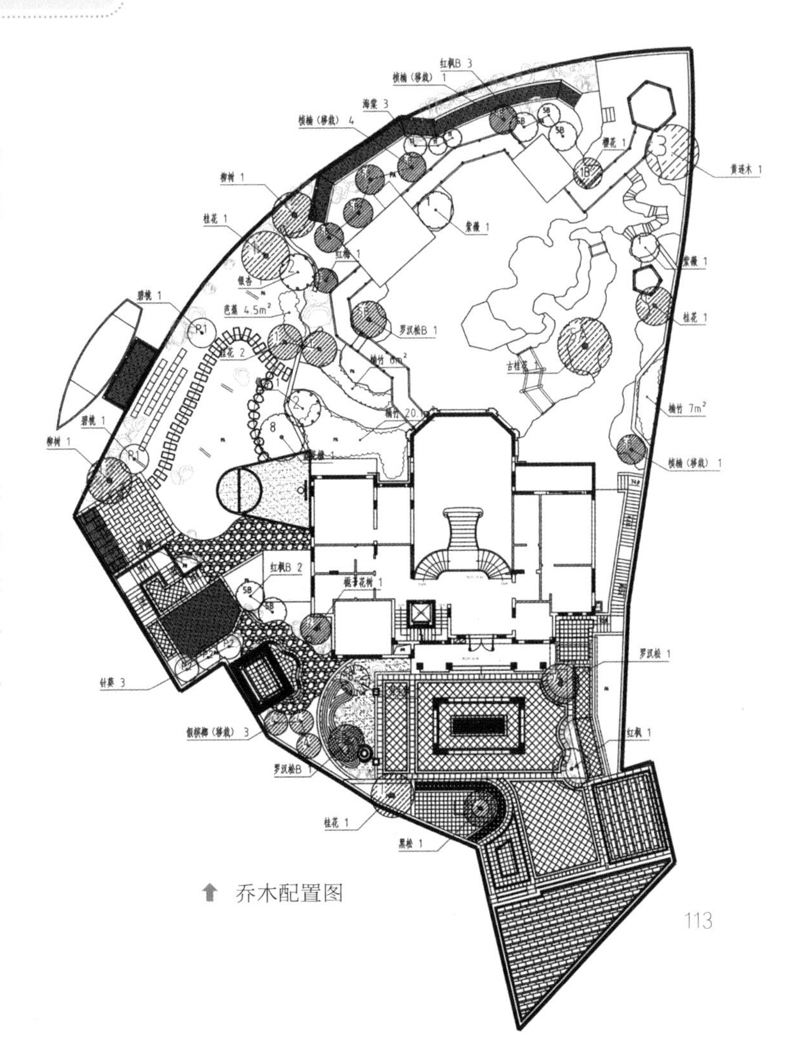

⬆ 乔木配置图

前院

前院采用现代风格为基调，设计师在奢华和素雅之间做出取舍——大面积采用白砖、青石的搭配，池水平静但山石崎岖，草坪绿意盎然，起伏间似山脉连绵，罗汉松挺拔矗立，尽展苍劲豪迈之气。

寥寥几处，便展示了空间的动与静、起与伏。作为入户区中的视觉元素，很好地诠释出仪式感，同时还将归家时追求安定的心境体现得淋漓尽致。

迈步下行，未见其景，先闻潺潺水声。巧妙地用听觉承接上下空间，避免游园体验割裂，增强庭院的质感。

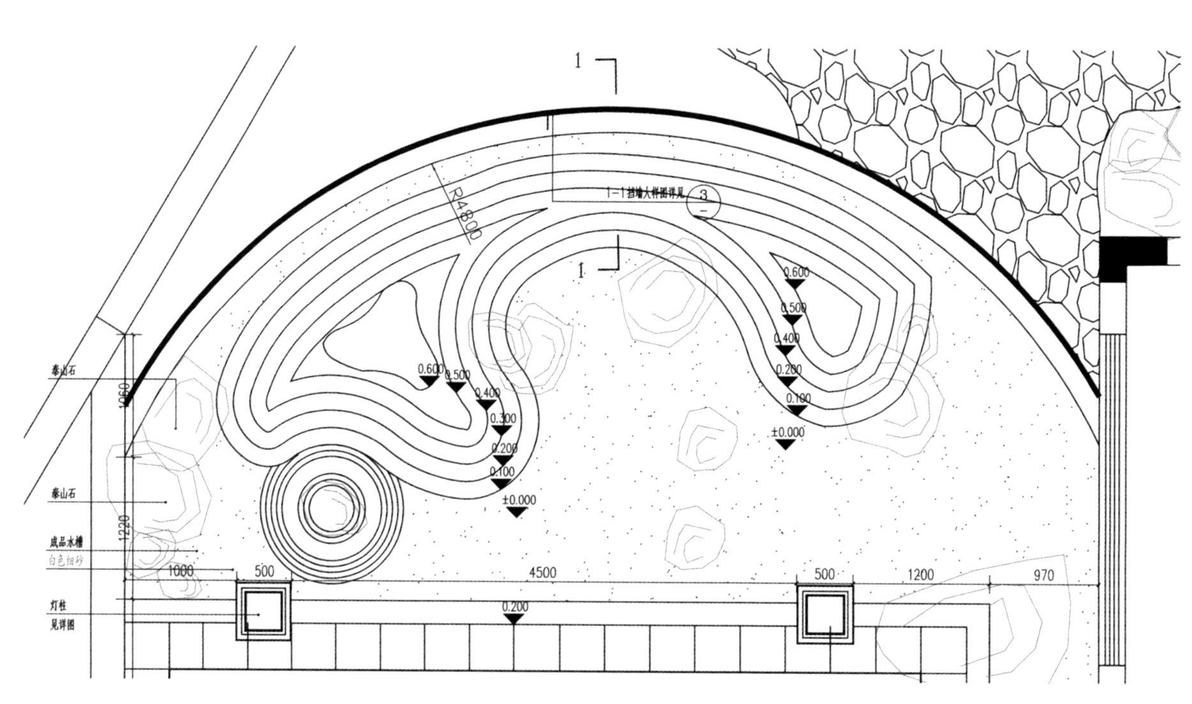

枯山水平面图

后院

进入后院，仿佛踏入了一幅山水画卷，亭、廊、椅，山、水、石，所有元素都是极佳的搭配，自然写意与传统中式的典雅大气相融合，带来了更好的观赏体验和游园可能。

信步游园，沿廊而进，太湖石群峻峭而奇特，池水清幽见底，其中锦鲤浮沉、婉转灵动。清风抚过，水波荡漾，层层涟漪间映衬出石与廊的倒影，仿佛穿越古今，让人沉醉，使人流连。

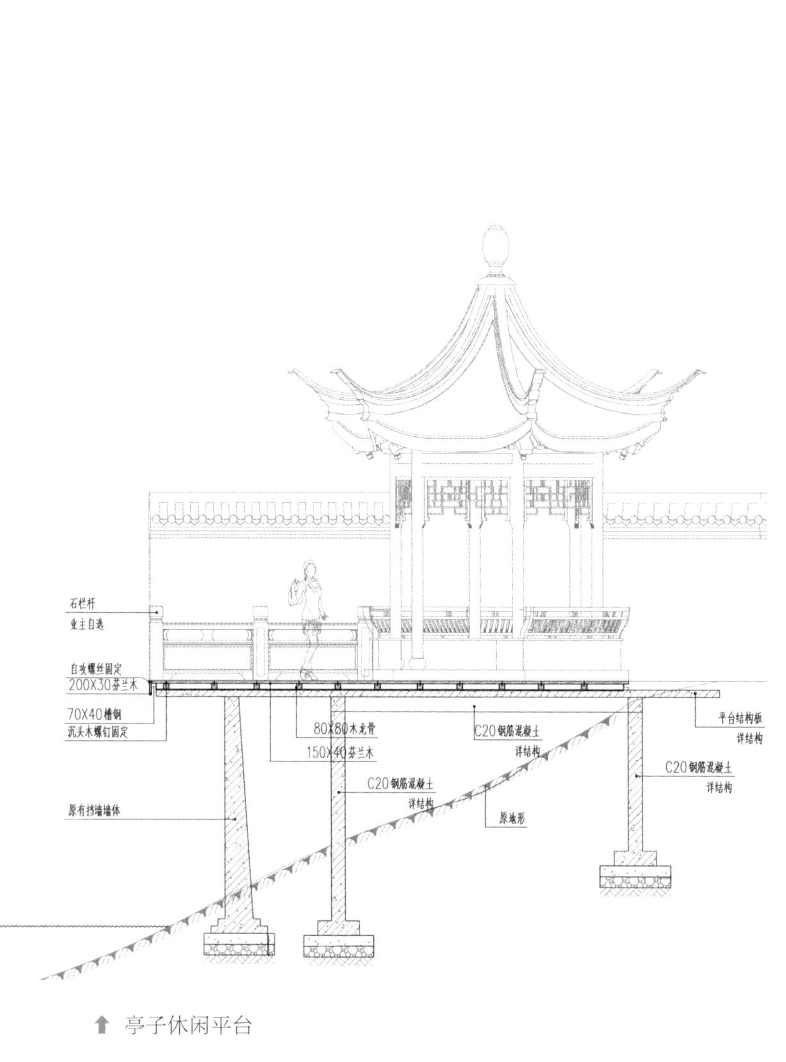
石栏杆
业主自选
自攻螺丝固定
200X30芬兰木
70X40槽钢
沉头木螺钉固定
80X80木龙骨
150X40芬兰木
C20钢筋混凝土
详结构
平台结构板
详结构
C20钢筋混凝土
详结构
C20钢筋混凝土
详结构
原有挡墙墙体
原地形

⬆ 亭子休闲平台

行至水穷，越过小径，入月洞门。洞外豁然开朗，各处景致也与之前不尽相同。

草坪青翠欲滴而充满活力，不远处的湖水碧波荡漾。绿地与湖畔相连，互相缠绵，一如碧海连天。枫树高耸，矗立于草坪间，一抹红叶摇曳点缀于绿地之上，让空间更加梦幻多彩。

相比于内庭庄重典雅的营造手法，外庭更偏向于打造一个清静闲适的生活空间。道路曲折连绵，户外家具多选用素雅的白色，更添一抹婉约之美。

洛阳四合院

项目地点：河南洛阳

花园面积：3000m^2

设计风格：古典中式

施工周期：2 年

主要材料：石材、木材、景观石

业主需求

◎想品味江南园林般的景观意境。

◎根据地理环境，营造不同气候下的庭院风景。

项目概况

园主购置了伊河边的两栋双拼别墅，外加一幢会所。一湾伊河使园林呈现半岛形态，园中可透过伊河远望龙门山，功能上一半为私密性较好的私家园林，另一半为可独立进入的公司会所。

设计思路

园主喜好江南园林，梦想建造一座如《洛阳名园记》中那样的园子。私园与会所相对独立，中间由月洞门相连，可分可合。私园以精致的江南园林为范本，力求做到层次丰富，一步一景，可动观亦可静观。

⬆ 总平面图

私园

园中的花厅、水榭、凉亭等皆由曲廊相连，四时游玩可避风雨。因园子较大，用回廊自然分割成了几个小园，叠石古木成林，畅游其间，有幽深之感。由精致廊桥与牡丹花雕影壁营造的人文景观，感觉开阔处丰富，而狭窄处不觉局促。

全园水系相通，有碧水深潭，有蜿蜒小溪，叠水处如有鸣琴之声，一弯一折一回豁然开朗，秋凉之夜可赏“平湖秋月”之景。

郭園花廳
雅園

会所

会所视野开阔，只设有一亭、一桥和一湾碧水，亭中可远观伊河与龙门山。硬装部分比重较大，可容纳数十人活动。与公共区域相连处用树林与之分割，中间辅以林中小道。植物配置以常绿及季节花树为主，使其四时不显凋败。

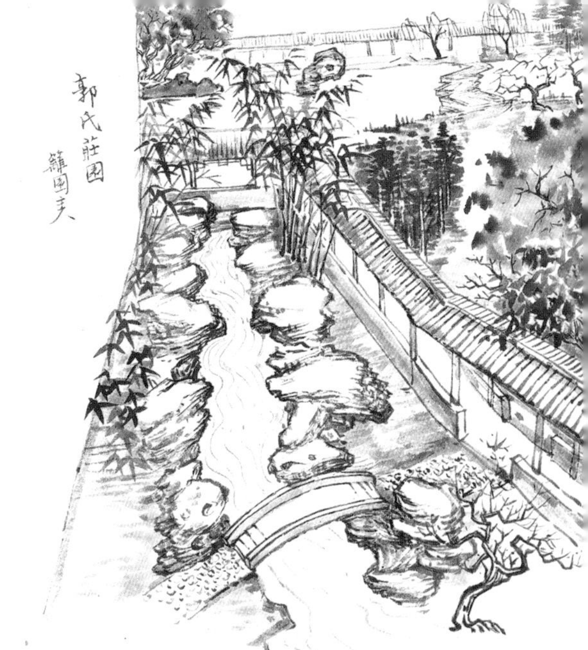

望江合院

项目地点：重庆市

花园面积：2000m²

设计风格：古典中式

施工周期：6 个月

主要材料：花岗石、黑太湖石、木材、青砖、青瓦

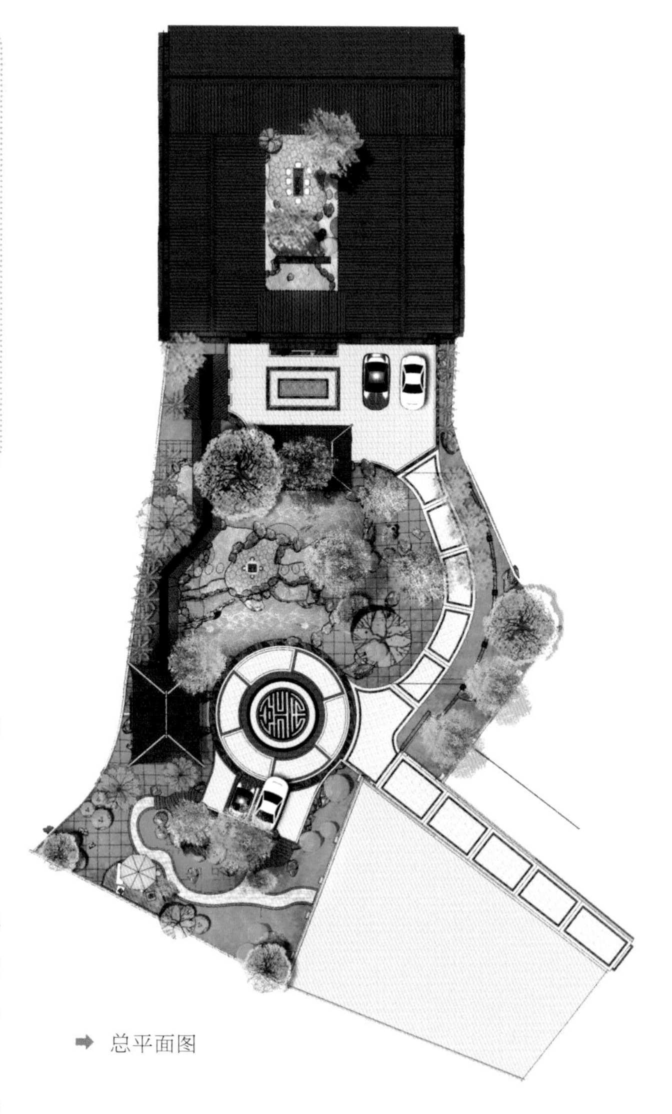

➡ 总平面图

业主需求

◎化解场地错落的高差，并转化为景观特色。

◎将周围的江岸风光借入园中。

◎在形成景观的格局中，满足停车与车辆通行的需求。

项目概况

此案为一座山地四合院，脱离不开重庆的地形地貌，基地条件跌宕起伏。入口经过一条长坡道，坡道两旁是邻居建筑形成的高围墙，中间一线对景直面长江，在入口形成一幅天然江山图。

宅邸位于坡末右侧一席“天梯”之上，高差接近 15m，左侧又向下增加高差约 3m，是办公室顶部的露台花园。

设计思路

设计采取化整为零的手法，将大高差的场地切割，形成多级台地，化解场地因急促高差形成的紧张感。利用多级台地所形成的分段高差布置流水，让高差变为景观资源。在交通处理上，通过左侧延长路线形成缓坡，车道满足行车需求；右侧则采取分级阶梯爬山廊步行入户，穿行于景中。

大气场的地貌需要结合大开大合的布局，入口经过一条长坡道，如同陶渊明《桃花源记》中所描述的“初极狭，才通人。复行数十步，豁然开朗”。随后映入眼帘的是观景台，这是一个多功能的开放空间，远可俯视江景，近能戏鲤于荷塘。园主能在此闲庭漫步，宾客也能在此停车歇脚。

前院

纵观整个前院，一边是中式长廊，一边是车行坡道，以高处宅邸为中轴线呈对称分布，在最高处以茶亭收尾，将场地一分为二。运用跌水消化并营造高差景观，两侧通道以环绕式布局，颇具高山流水之意境。

假山，池塘，汀步，石桌……每一个元素都是设计师精心打造，匠心独运，致力于将大自然的独特美景还原至院中，承载天地之精华，汲取长江之灵气。

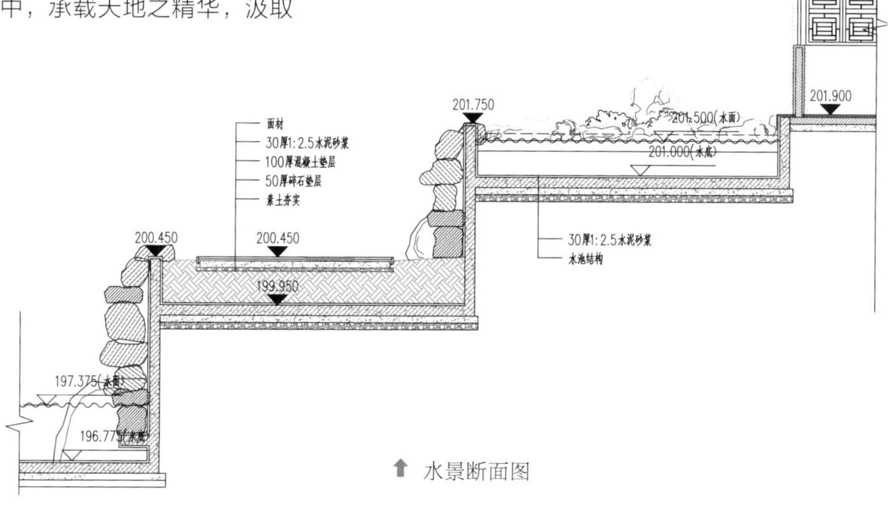

⬆ 水景断面图

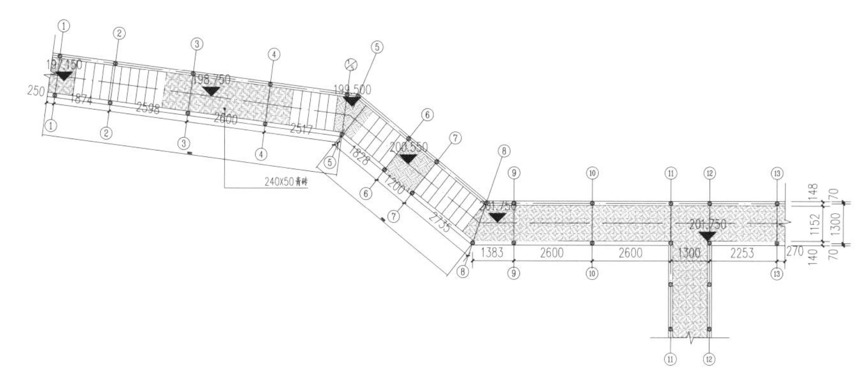

爬山廊平面图

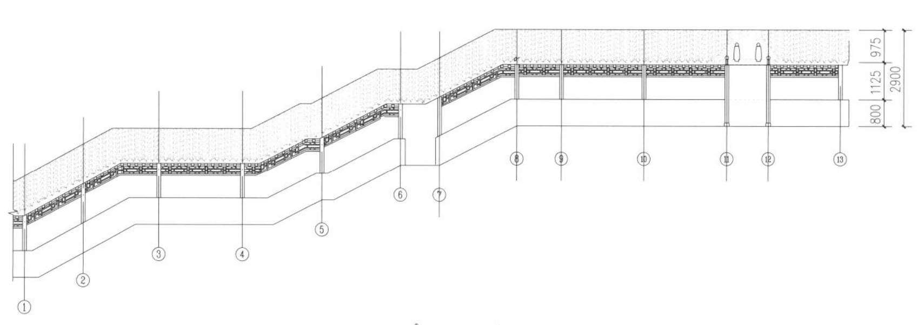

爬山廊立面图

内院

跨过门庭，能看到整个内院宽阔明亮、古朴典雅却不失气派。在这里，朝能养生锻炼，暮能与家友相聚；春能修花种草，夏能乘凉观星，秋能赏月饮啖，冬能透光聚暖。人间得此良舍，夫复何求也！

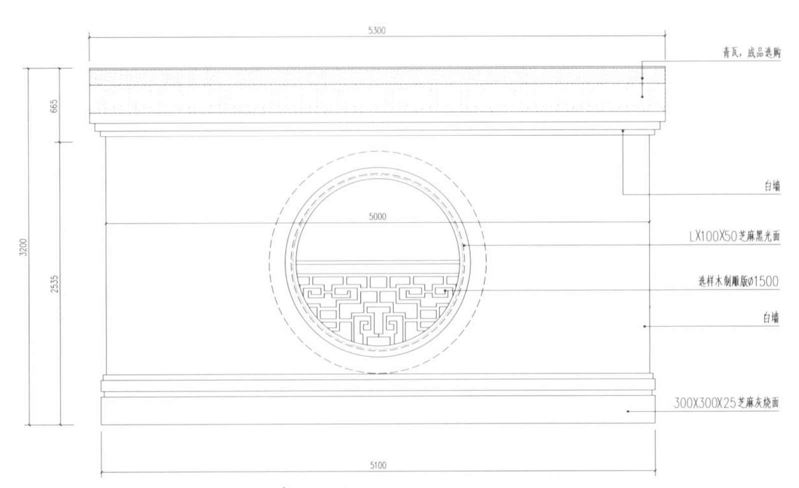

⬆ 照壁立面图

院落

场地分三进院落，一进车马落脚之处，仰观内庭山水画卷，侧看长江之宏伟；二进高处中庭，净身整理衣冠，清理思绪；三进府邸内院，笑谈坐卧，举杯盏酒。循序渐进的景观打造，呈现给你不一样的庭院体验。

山居合院

项目地点： 重庆市

花园面积： 2000m²

设计风格： 古典中式

施工周期： 12 个月

主要材料： 花岗岩、青石、木材、青砖、青瓦、汉白玉、泰山石、彩霞石、雨花石

业主需求

◎在现代建筑的空间格局下进行古典宅院的塑造，既要有江南园林的细腻感，也要有北方园林的宽敞感。

◎各级露台都要呈现不同的景观意境与趣味。

项目概况

本案建筑共有 5 层，由于退台的原因，不同楼层均有露台。各级露台与周边开阔平台形成的可设计区域，为露台型庭院的打造提供了条件。

设计思路

在园区规划上，设计的重心就是要将各楼层分散的户外露台尽可能进行连接，拼接出一个完整的花园。设计师结合场地本身将空间扁平化、立体化，采用现代设计与传统中式园林相结合的手法，将独特的东方韵味融入居家生活之中，追求静、雅、逸的观景体验，营造一步一景、景景相融的庭院景观。

总平面图

青砖墨石，雅枝静池

庭院内大面积采用泰山石群和翠云草草坪的搭配，信步游园，草地青翠而柔美，山石奇巧而厚重。松树秀丽，姿态优雅，池水清澈透明，树影斑驳间忽隐忽现。行走在如此锦绣山水画幅之间，不得不观，不得不赏，不得不叹。

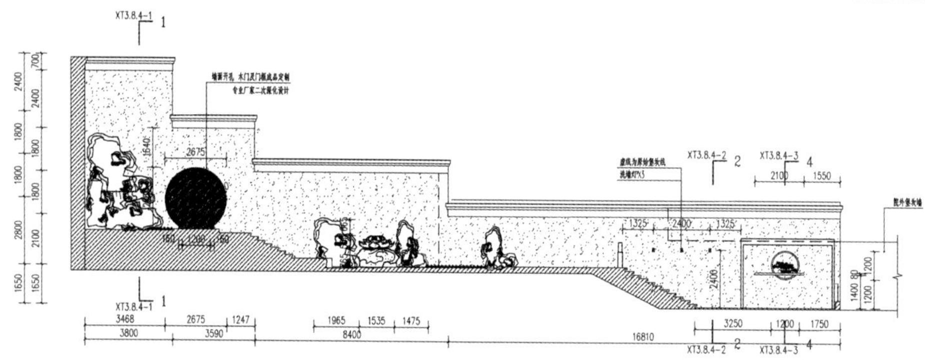

⬆ 原有堡坎立面图

水中邀月，杯中谁影

待月色迷离时欣然起行，携些许佳酿，拾级而上，安于亭中。在此，水声、风声、蛙鸣声声声入耳，月光、星光、水镜光一览无余。酌酒一杯，举高邀月，对影三人，忆古思今，此乐何及！

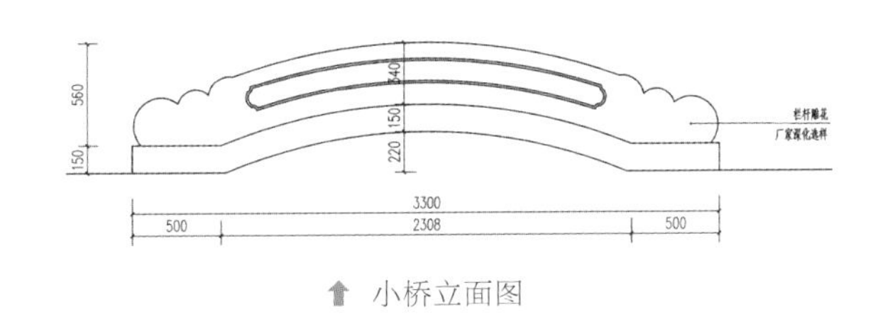

小桥立面图

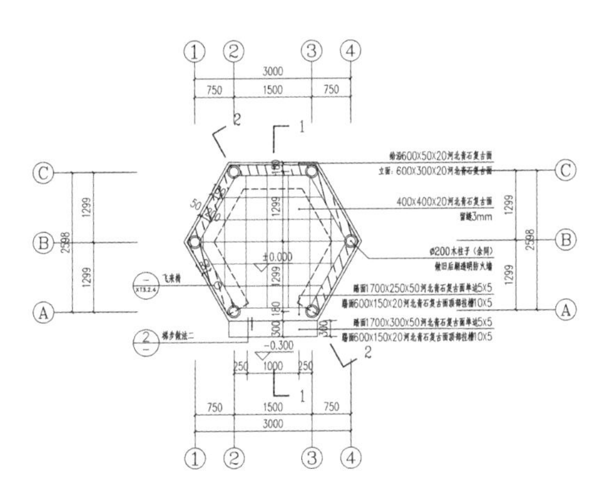

六角亭底平面图

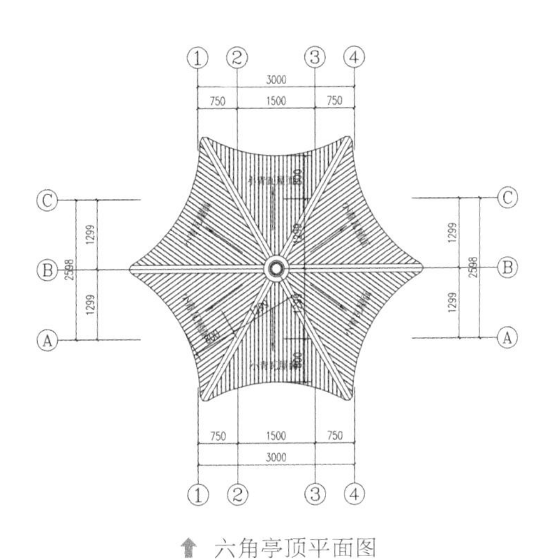

六角亭顶平面图

匠心独运，细节成就

整个前院空间以锦鲤池为中心环绕打造，石阶伴随拱桥，曲折小路绵延不断，创造出富有情调的“慢生活”，如同古人一般在生活中沉淀，在沉淀中升华。

设计师将庭院的内环境和户外公共空间巧妙结合，成功地弥补了传统中式庭院的局限性，营造出舒适的空间体验。

在小品的选择和搭配上，也融入了设计师独特的思考，从建筑风格与色彩入手，将传统中式鲜明而富有特点的元素配合色彩的变化，采取渐变或重复等手法，使其更好地融入建筑本身和周围环境的肌理中去，创造出诗意的、如水墨画般的景观，再绘自然。

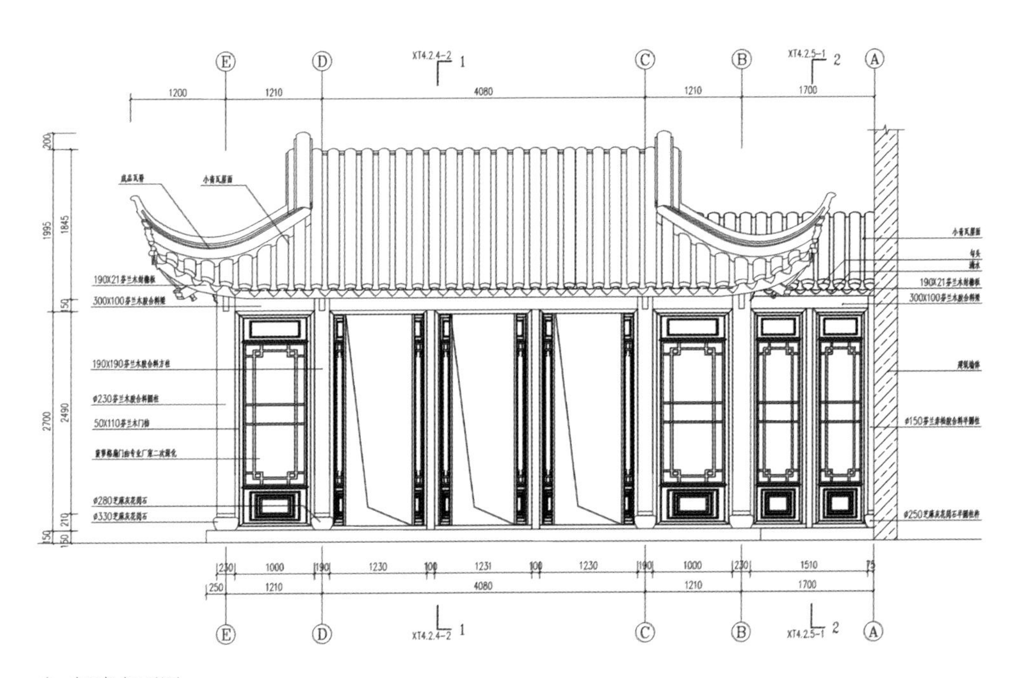
E
D
C
B
A
XT4.2.4-2 1
XT4.2.5-1 2
1200
1210
4080
1210
1700
小青瓦屋面
190X21芬兰木封檐板
300X100芬兰木胶合料梁
190X190芬兰木胶合料方柱
ϕ230芬兰木胶合料圆柱
ϕ280芝麻灰花岗石
ϕ330芝麻灰花岗石
230
1000
190
1230
100
1231
100
1230
190
1000
230
1510
75
250
1210
4080
1210
1700

轩廊立面图

滕龙四合院

项目地点：重庆市

花园面积：2000m²

设计风格：古典中式

施工周期：14 个月

主要材料：花岗石、青砖、芬兰木、小青瓦、外墙漆、太湖石

业主需求

◎园主喜欢苏州园林，但也有巴渝人的豪爽和大气，希望花园里建有茶室、亭子、鱼池、葡萄架和菜地，满足生活功能所需，既整洁大气，又四季有花。

项目概况

该项目为小区旁自建别墅，紧邻幼儿园和高层住宅，两侧为车行道。幼儿园车行道末端为花园入口，花园围绕主体建筑，形成前院、后院两个空间。

设计思路

根据园主的喜好，设计师将花园风格定位为传统苏式花园。本案区别于常规别墅，前院兼具归家入户、游览休闲的集合功能，后院为疏朗开阔的草坪景观，菜地果园生活味十足。

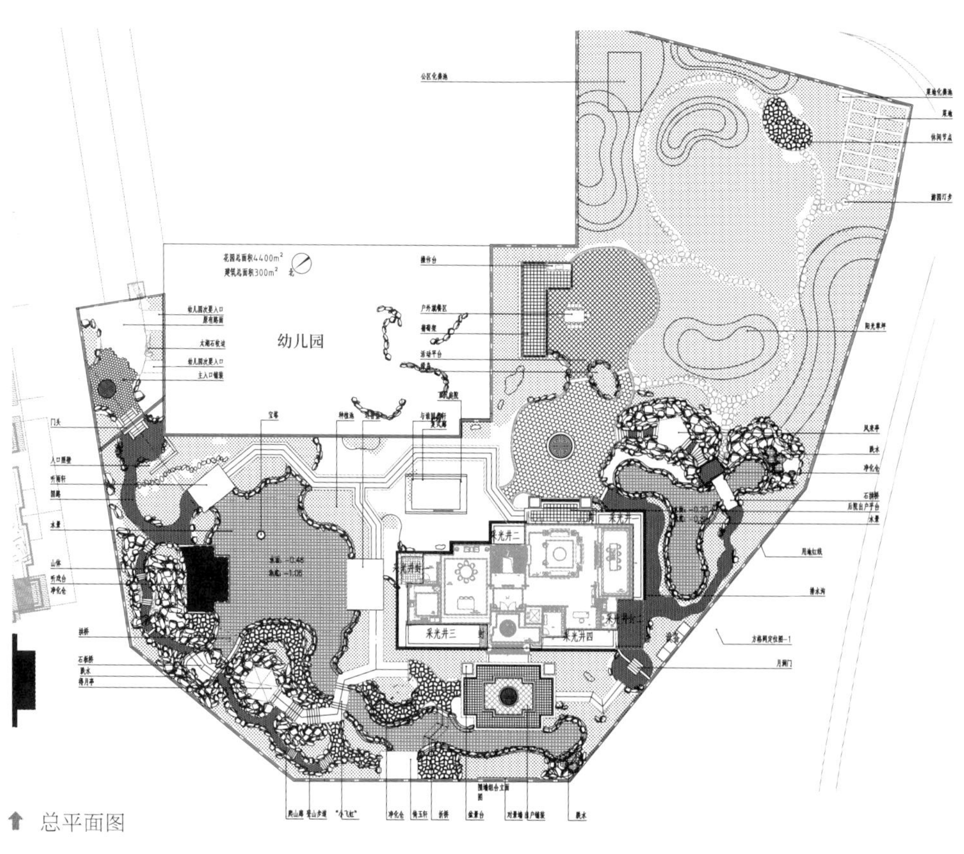

⬆ 总平面图

前院

从花园入口到主体建筑的路线较长，如何让归家之路变为“闲庭信步”，给居住者带来不一样的行走体验，是设计师首要考虑的问题。

地形方面，主路保证宽敞平缓，游园步道可登山、跨桥、穿洞、游廊，迂回有趣。叠山、理水方面，利用水池开挖土方，置以玲珑剔透的太湖石，形成连绵不断的山景，水源藏于其中，跌级而下。山后形成背景屏蔽高层住宅视线，使山景更加幽深自然。在山体其中穿插盆景，垂吊植物郁郁葱葱，灵动自在。爬山廊嵌与其中，高处设六角亭登高远望。

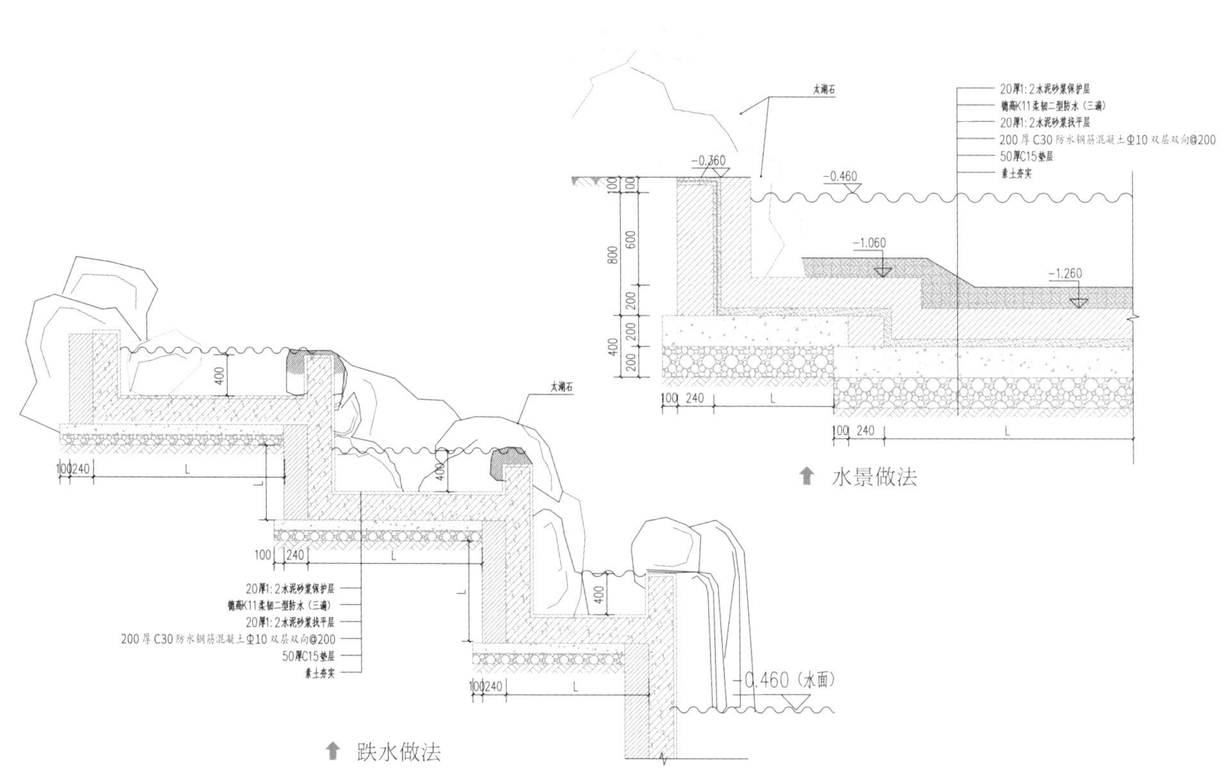

太湖石
20厚1:2水泥砂浆保护层
德高K11柔韧二型防水（三遍）
20厚1:2水泥砂浆找平层
200厚C30防水钢筋混凝土Φ10双层双向@200
50厚C15垫层
素土夯实
-0.360
-0.460
-1.060
-1.260
100
100
800
600
200
400
200
200
100 240
L
太湖石
400
100240
L
400
100 240
L
20厚1:2水泥砂浆保护层
德高K11柔韧二型防水（三遍）
20厚1:2水泥砂浆找平层
200厚C30防水钢筋混凝土Φ10双层双向@200
50厚C15垫层
素土夯实
400
100240
L
-0.460（水面）

水景做法

跌水做法

后院

穿过月洞门，又是另一番天地。后院作为中式花园的补充，更加开阔和放松：阳光草坪，果树点缀，蔬菜田园，游动鱼虾……近主体建筑旁设置葡萄架和休闲烧烤，归家即度假。

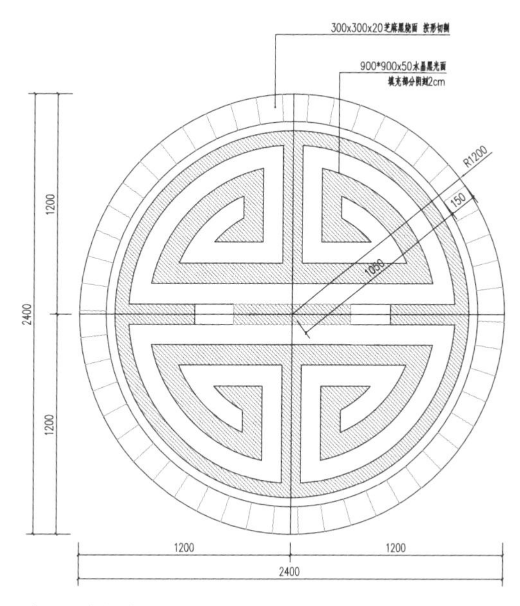

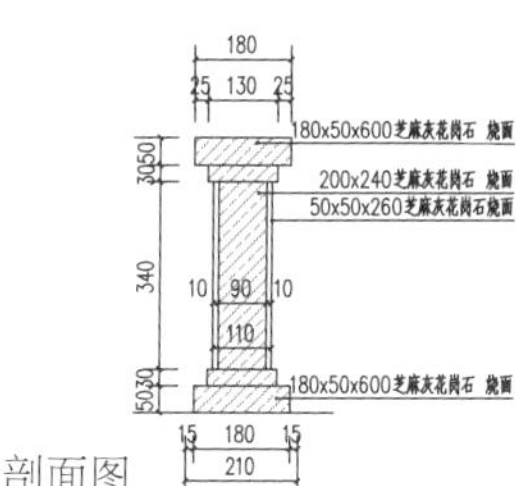

➡ 花岗石栏杆剖面图

⬆ 组合拼花大样图

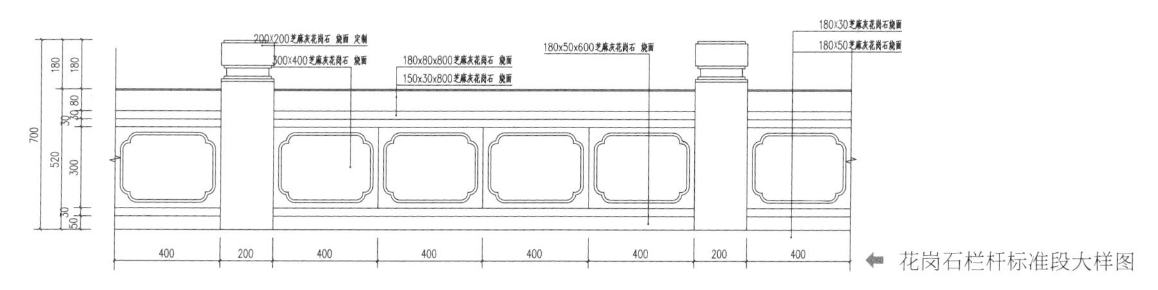

⬅ 花岗石栏杆标准段大样图

高尔夫别墅花园

项目地点： 重庆市

花园面积： 1000m^2

设计风格： 自然中式

施工周期： 6 个月

主要材料： 花岗石、富贵绿景石、芬兰木

业主需求

◎花园要成为家的外部延伸，外部高尔夫球场的风景需借景入园。

◎需有荷塘月色的自然意境，让中式自然与欧式建筑和谐共处。

项目概况

本案基地坐落于高尔夫球场旁边，视野开阔，远山幽静，自然风光天成。基地内为坡地，有一定地形高差。

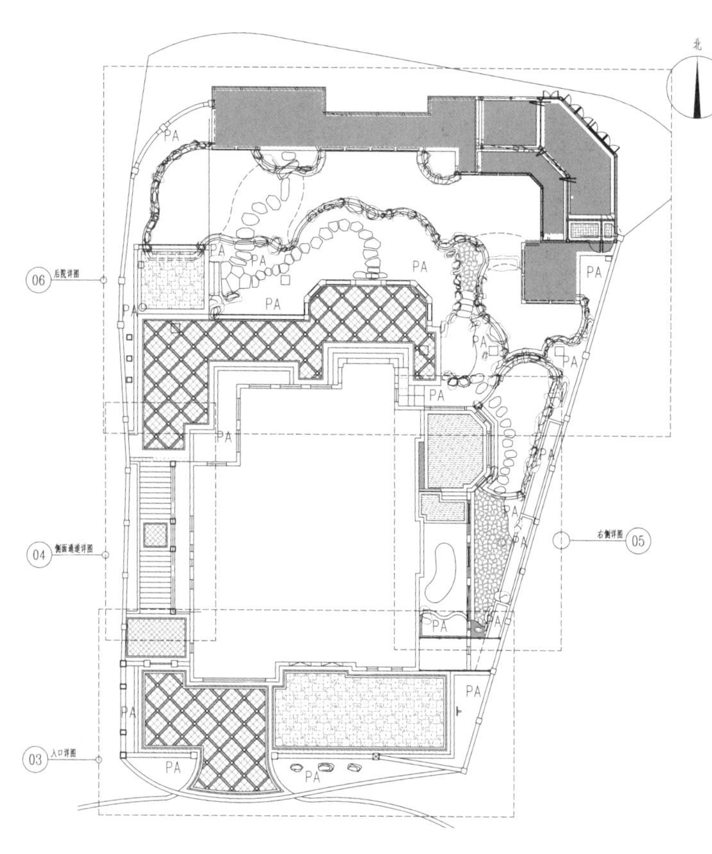

⬆ 景观分区图

设计思路

花园是自然的一部分，也是家庭生活的一部分，无时无刻都受到周边环境、植被条件、阳光、气候等自然要素的制约。因此，处理好花园、人和自然之间的关系是本案设计的关键。

花草、树木、山水是庭院中永恒的诗意

时光流逝，潮流更替，当光鲜的铺装遭受破损、对新奇的造型感到厌倦、舒适的设施日渐老化，而花草树木却依然生机勃勃，山石流水依旧美丽动人。当看惯了浮华的城市风光，体验了新奇的独特美景，最后能与我们长久相伴的，唯有一方山水。

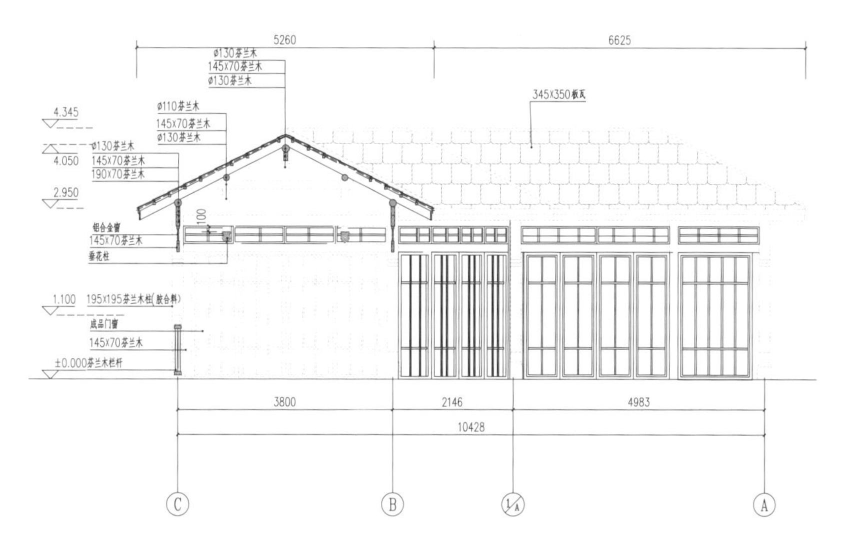

5260
6625
ø130芬兰木
145x70芬兰木
ø130芬兰木
345x350瓦
4.345
ø110芬兰木
145x70芬兰木
ø130芬兰木
ø130芬兰木
4.050
145x70芬兰木
190x70芬兰木
2.950
100
铝合金窗
145x70芬兰木
垂花柱
1.100
195x195芬兰木柱(胶合料)
成品门窗
145x70芬兰木
±0.000芬兰木栏杆
3800
2146
4983
10428
C
B
1/A
A

⬆ 茶室剖面图

花园是一种生活的态度呈现

当园主接受方案设计时，同时也接受了一种生活方式，这是园主对未来生活的憧憬。

因此，造什么样的园，未来园主就将以什么方式来体验生活。可以很简单，也可以很丰富；可以很讲究，也可以很随意；可以很严肃，也可以很诗意：它体现的就是园主的一种生活态度。

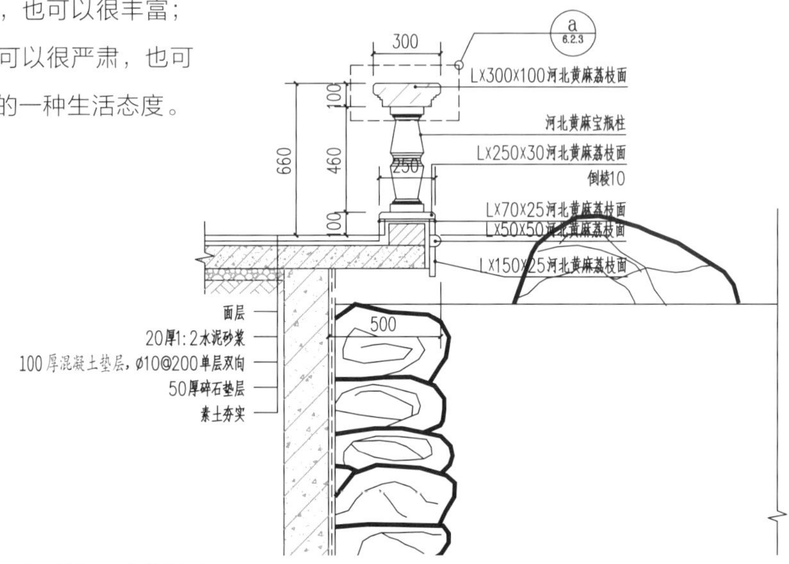

⬆ 栏杆及水池断面

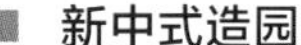

要让石头像是从花园中长出来的

造园时，需要带着挑剔的目光去调整园中花木的布置方式，以及石头安置的手法。自然山水的要领是要让山石在花园中不刻意为之，而是要有原本就在那里的感觉，像是从花园中长出来的。

好花园的呈现需要天时、地利与人和

拥有符合塑造的自身条件与自然资源是成就花园的关键要素。本案视野开阔，基地内为坡地，有一定地形高差，为造园能形成有趣的层次关系及趣味空间提供了先决条件。外部绝佳的风景资源能借入院内，让花园坐拥地利之便。

在进行场地整理时，设计师刻意留出高差，形成以建筑为基础向外逐步下沉的场地结构。然后，在该框架下利用地势置石理水，让山水融入园中。

园中巨石让自然之脚踏入花园，园主在家中也能体会到流水潺潺、荷塘蛙鸣、花果芬芳的意境，既能享受远山之幽，也能体会园中之趣。

人文别墅庭院

项目地点：重庆市

花园面积：$1000m^2$

设计风格：自然中式

施工周期：6 个月

主要材料：花岗石、泰山石景石、芬兰木

业主需求

◎园主喜欢自然山水，想把美好的自然景色搬进花园。

◎花园要大气、舒适，满足一定的功能需求，如停车、休闲和进行园艺活动等。

项目概况

该项目所在别墅群环境优雅，人文气质浓厚。为了获得更舒适的生活环境，园主购买了相邻的两幢别墅，将隔墙打通，把两个花园连接起来，形成环绕建筑一周的大花园。

花园呈不规则的形状，存在一定高差，为营造自然山水提供了很好的基础条件。

设计思路

自然式园林，顾名思义，在建造中需效法自然，仿佛把自然之景搬进家中。石无定形，山有定法。因此，植物栽种、山水布局都需格外讲究。

⬆ 总平面图

月洞门

中间的小径处做了一个中式门洞，从外刚好可以窥见里面风景的一角，半遮半掩，让人有探索的冲动。

以月为门，借门取景，将园林景色嵌于门洞门中，犹如在月盘之上绘制的自然风景，成就诗情画意的生活。

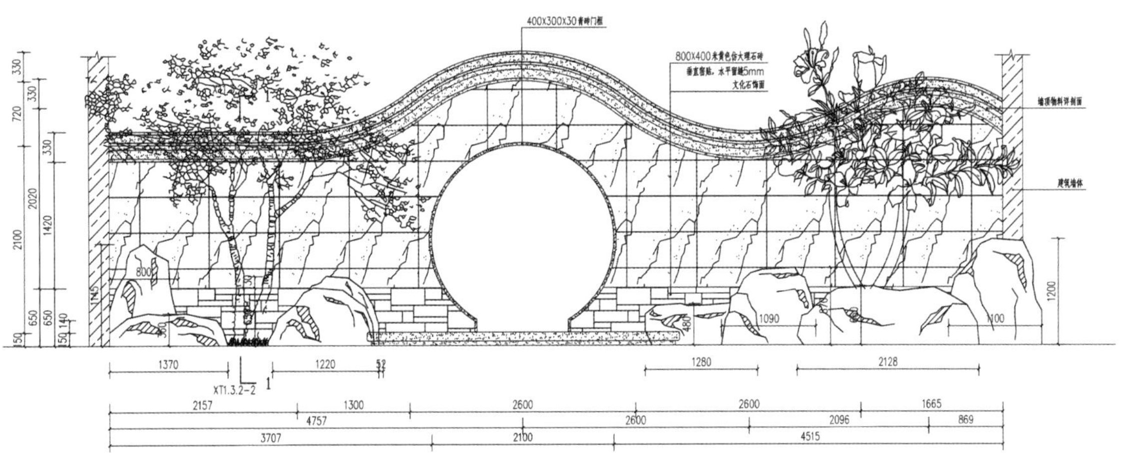

⬆ 院墙立面图

前院

前院满足停车的功能需求，以丰富的造型树、景石、小品和微地形来营造自然闲适的入户展示和接纳功能。地形高差的存在，让设计师从左、中、右三个方向打造了三条曲径通往下层的主要活动区域，道路两侧以植物和景石烘托，石阶下暖色的灯光让每一条小径仿佛都“活”了起来。

休闲区

休闲区域如同把自然山水搬到眼前。茶室、鱼池、小桥、流水……每一个元素都将其特点发挥到极致。在茶室处凭栏眺望，仿若置身画中。

茶室正前方便是景石造就的山水，鱼儿在水中畅游，如遇喂食，还会跃出水面，甚是有趣。山水之间有石桥连接，站在桥上看风景，也是不错的选择。

有机菜地

在造景之外，园中还专门开辟了一片菜地，可以体验收获的乐趣。另外，在鱼池一角还特别设置了一个可以喂养食用鱼的地方，买回来的食用鱼可以先行在此放养，过几天再食用。

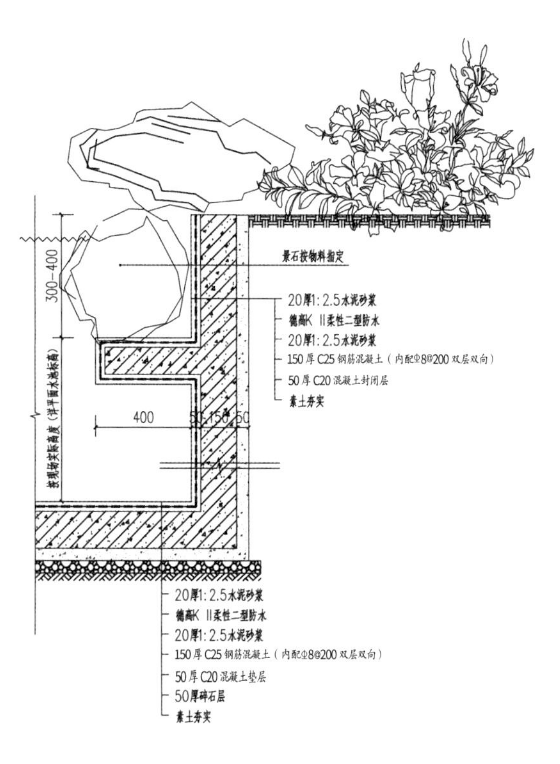

↑ 水池驳岸做法大样图

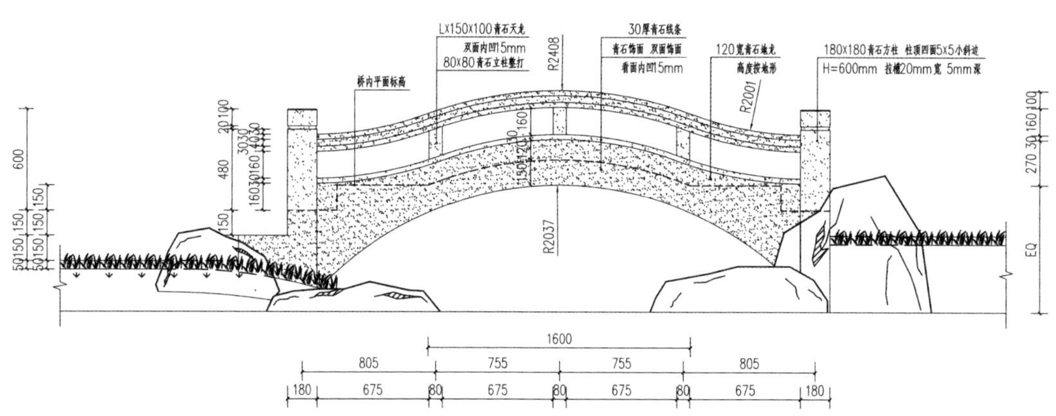
LX150X100青石天龙
双面内凹15mm
80X80青石立柱整打
R2408
30厚青石线条
青石饰面 双面饰面
看面内凹15mm
120宽青石地龙
高度按地形
R2001
180X180青石方柱 柱顶四面5X5小斜边
H=600mm 拉槽20mm宽 5mm深
桥内平面标高
R2037
1600
805
755
755
805
180
675
80
675
80
675
80
675
180

小桥立面图

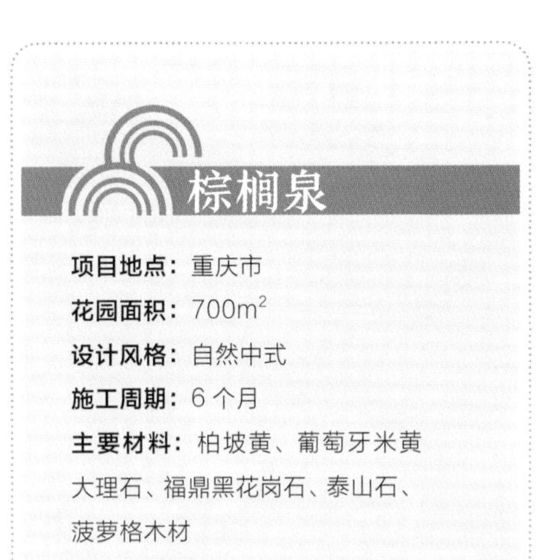

棕榈泉

项目地点： 重庆市

花园面积： 700m^2

设计风格： 自然中式

施工周期： 6 个月

主要材料： 柏坡黄、葡萄牙米黄大理石、福鼎黑花岗石、泰山石、菠萝格木材

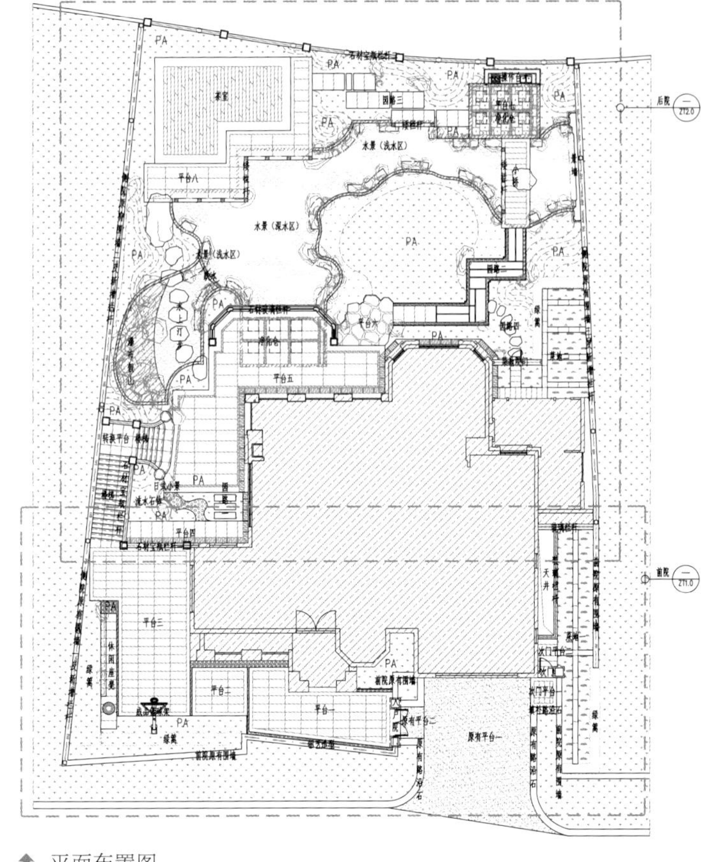

⬆ 平面布置图

业主需求

◎在闹市中创造一块宁静的庭院，院子需整洁，但不失自然的意境。

◎可在园中品茶，让居家功能与庭院相互融合。

项目概况

项目地处中心城区内，具有典型的坡地特征。场地分为前院与后院，前院高，狭窄背阳；后院低，开阔向阳。建筑为典型的法式风格。

设计思路

结合业主实际需求，设计师从场地效果和感官美学出发，选用了中式和自然风格相融的格调进行定位，以诠释花园生活之美，打造出生活与功能并重、仪式感与休闲时光共融的高品质生活家园。

本案分区鲜明，富有特色，草坪、汀步、假山、茶亭、锦鲤池不一而足，信步游园，看树影斑驳，听水声潺潺，闻花草芬芳……

草木之间，景色自现

如果说墙砖瓦篱能明确空间的界限，那么花草树木便能赋予空间灵魂，植物的亲切和柔软拉近了人与自然的距离。

以锦鲤池为引，泰山石绕其构建描点，穿插灌木丛作为点缀，青墨色的石块与翠绿相互交错，创造出自然的变化质感，带来和谐的景观感受。

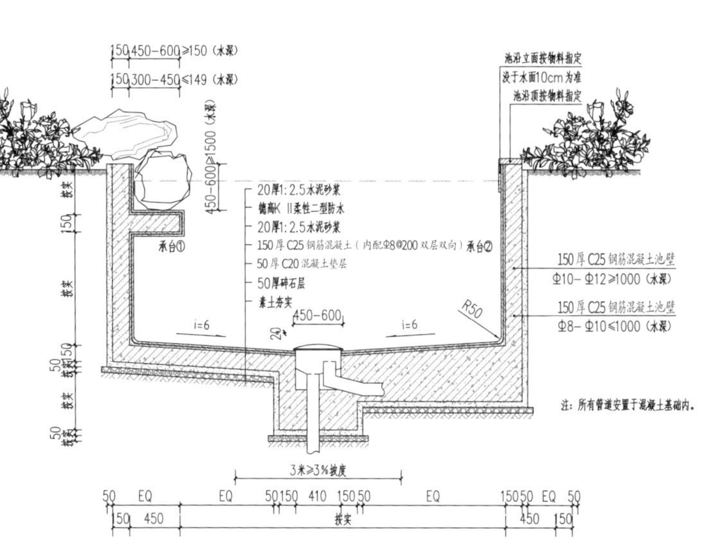
150 450–600 ≥150（水深）
150 300–450 ≤149（水深）
池沿立面按物料指定
没于水面10cm为准
池沿顶按物料指定
450–600≥1500（水深）
20厚1:2.5水泥砂浆
德高K II柔性二型防水
20厚1:2.5水泥砂浆
150厚C25钢筋混凝土（内配Φ8@200双层双向）
承台①
承台②
50厚C20混凝土垫层
50厚碎石层
素土夯实
150厚C25钢筋混凝土池壁
Φ10–Φ12≥1000（水深）
150厚C25钢筋混凝土池壁
Φ8–Φ10≤1000（水深）
R50
i=6
i=6
450–600
注：所有管道安置于混凝土基础内。
3米≥3%披度
50 EQ EQ 50 150 410 150 50 EQ 150 50 EQ 50
150 450 按实 450 150

水景做法大样图

锦鲤浮沉，繁华尽显

锦鲤，因具有吉祥、个性平和、从容不迫等寓意，自古以来就深受大众的喜爱。设计师将锦鲤池安置在花园中央，如同整个花园的脉络一般，完美回应业主期待。踱步其间，静则池水清明，锦鲤骤停，飘忽间仿佛空灵；动则水花飞溅，鲤跃欢腾，起伏间若舞翩翩。

水上汀步做法

沏茶问春，悠然漫享

城市很大，生活匆匆，对于奔波的都市人来说，渴望拥有一处涤荡疲惫的角落。而这，正是我们打造茶室的初衷。

这是一个集坐、观、凝、赏于一体的独特空间，静坐其间，感受氛围之静谧，观花簇之多娇，感榆乔之劲俏，赏锦鲤之婉转……一盏清茗，品味惬意；一本佳著，阅尽芳华。

舜山府

项目地点：重庆市

花园面积：500m²

设计风格：现代中式

施工周期：6 个月

主要材料：花岗石、太湖石、芬兰木

设计思路

考虑到业主的使用需求，设计师设置好功能分区，拉出花园布局骨架，融入新中式符号元素，借助水体轮廓、假山驳岸和植物软景去模仿自然，把自然山水之景融入花园之中。

业主需求

◎业主喜欢中式风格，想把美好的自然景色搬进花园。

◎花园要大气，感觉舒适，且满足一定的功能需求，如茶室接待、锦鲤观赏、食用鱼喂养、菜地种植、洗衣晾晒等。

项目概况

该项目为平层花园，呈东西朝向，花园围绕建筑分布，前院相对比较异型。院子有三面与邻居相接，并自带 2m 高的围墙。左面距离主体建筑空间较小，围墙更是高达 3.5m，较为压抑。主体面积分布在后院，相对较为宽阔。

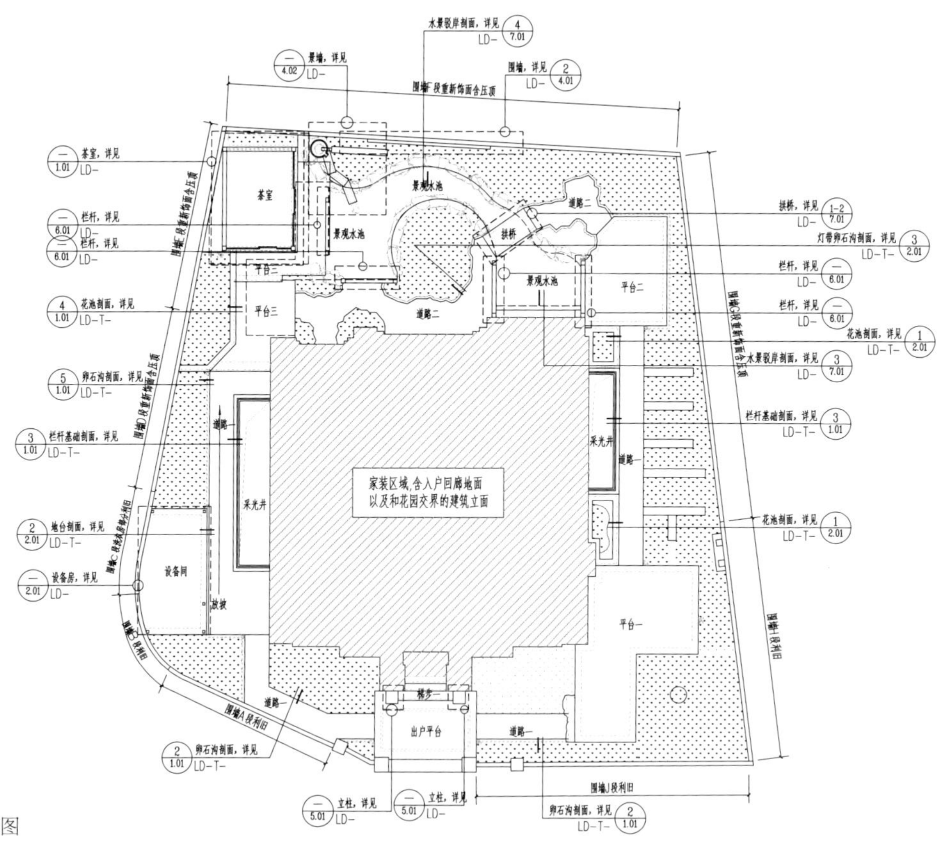

➡ 平面布置图

前院

前院满足客户对景观营造和食用鱼池的功能需求，以丰富的造型树、景石、小品和微地形来展现自然闲适的展示接纳功能。

后院

后院为主要休闲区域，茶室、锦鲤观赏均设于此。茶室背靠高墙，面向鱼池，满园景色尽收眼底。天气好的时候，一家人在院子里烫火锅、聚会聊天、喝茶赏鱼，其乐融融。

茶室旁边便是自然式的山与水，鱼儿在水中畅游，偶尔跃出水面，甚是有趣。栏杆边投食喂鱼，看水波潋滟，也能安心地坐一下午。

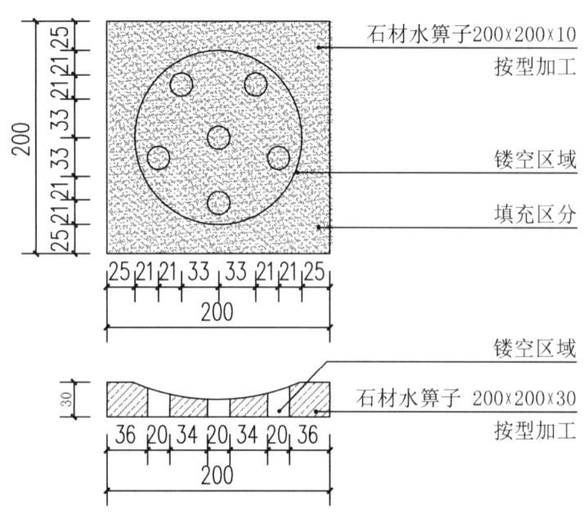

↑ 石材水箅子大样图

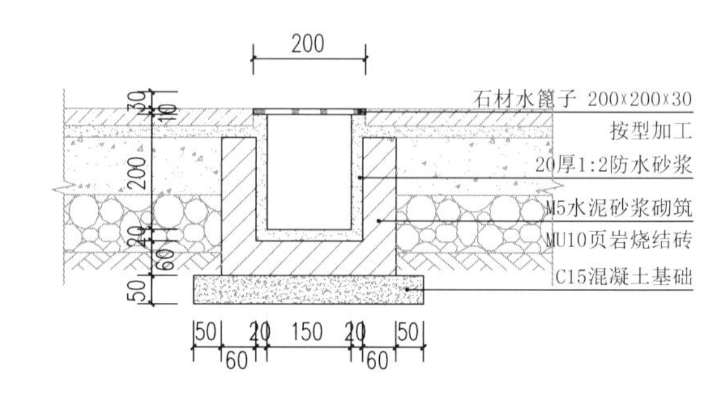

↑ 石材雨水口大样图

侧院

两个侧院分别设置洗衣房和趣味菜地，满足客户的功能需求。园主可以种些绿色蔬菜，体验收获的乐趣。大部分乔木也以果树为主，如荔枝、苹婆、柚子树、脐橙树、柠檬树、石榴树等。

蓝湖郡

项目地点： 重庆市

花园面积： 380m²

设计风格： 现代中式

施工周期： 6 个月

主要材料： 花岗岩、石英砖、木纹砖

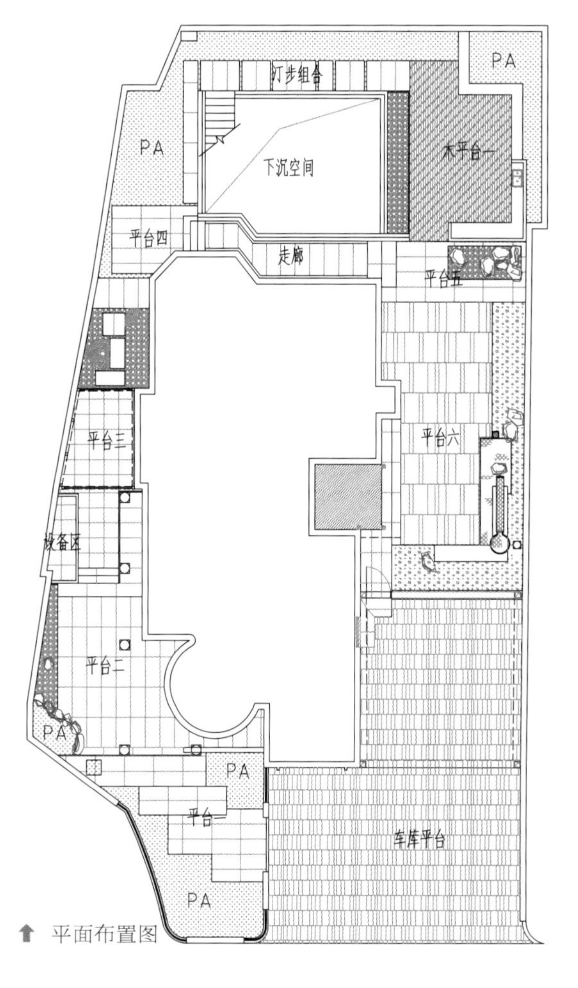

⬆ 平面布置图

业主需求

◎花园要温馨，有居家感，喜欢现代中式风格。

◎三口之家，需要有接待功能，并扩展停车位。

项目概况

该项目所在别墅群自然生态，美式复古的建筑外观传递出古典、大气之美。

业主喜欢跑车，为人谦和，社交广泛，但与跑车的速度感不同的是，在快节奏的生活中，却喜欢在园子里独享一角的静谧。跑车的激情和安静的园子展现出业主多元化的性格需求。

设计思路

设计师根据业主的喜好将花园定位为现代禅意格调。花园呈 O 字形包围建筑，形成与建筑紧密相接的围合感。

业主的硬性需求是将花园的一部分新增为室内停车库，这样，建筑与构筑物之间的衍生和协调就显得尤为重要。设计师将新增的一部分车库与建筑相连，并将建筑的元素运用在车库外立面，让车库成为建筑的“一部分”，同时将建筑的面宽拉长，使建筑更显大气。

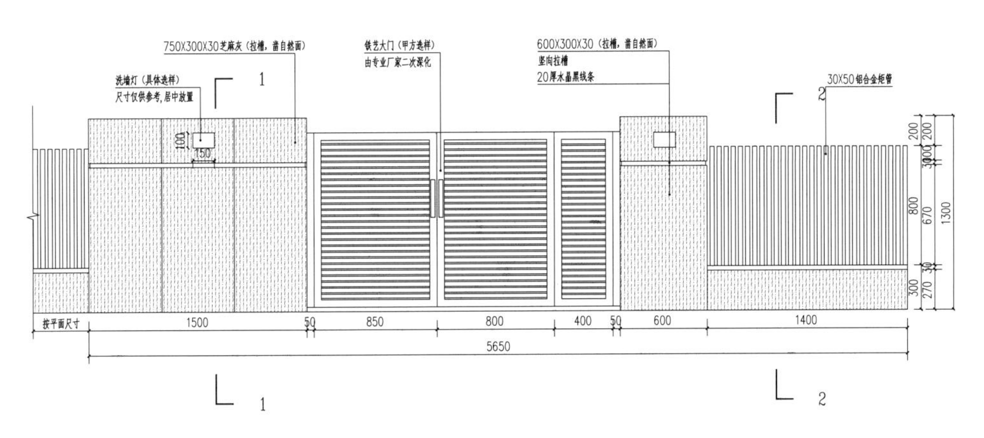

⬆ 大门及围墙立面图

在中式古典园林中，向来就有前庭后院的说法，车库的增加很自然地将O字形花园划分出段落和节奏，在强调入户前庭的仪式感时，也营造了后院的私密性。

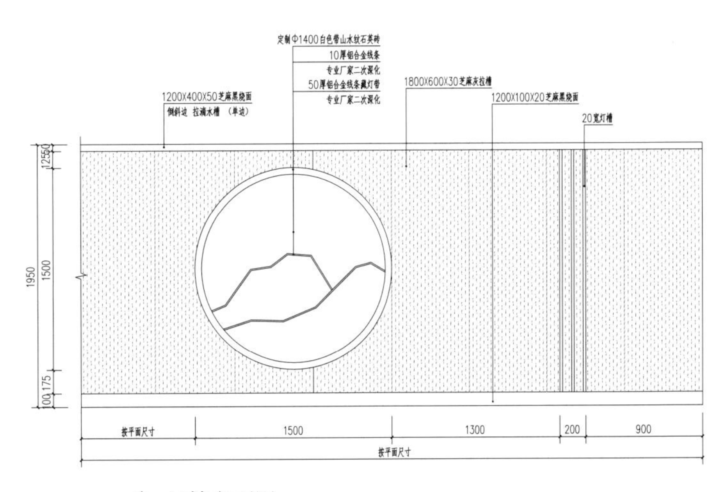

⬆ 景墙立面图

后院用 L 形岛台做空间分割，不同区域之间既有连续性，又形成阻断。下沉的天井作为室内采光，也是书房之外的另一处清净之地。围墙立面石材上一刀一锤的痕迹，都是造园师工匠精神的体现。其粗糙的肌理与整洁的地面铺装既互相牵制，又互相成就。

侧园与室内茶室相接，对景有山石与流水，山不高而秀雅，水不深而澄清。

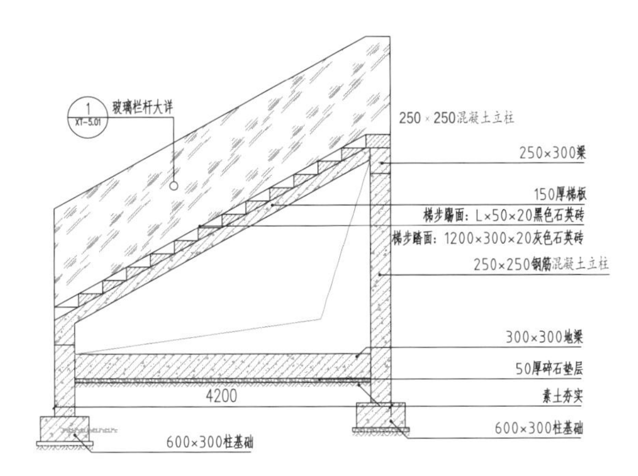

⬆ 下沉空间楼梯做法图

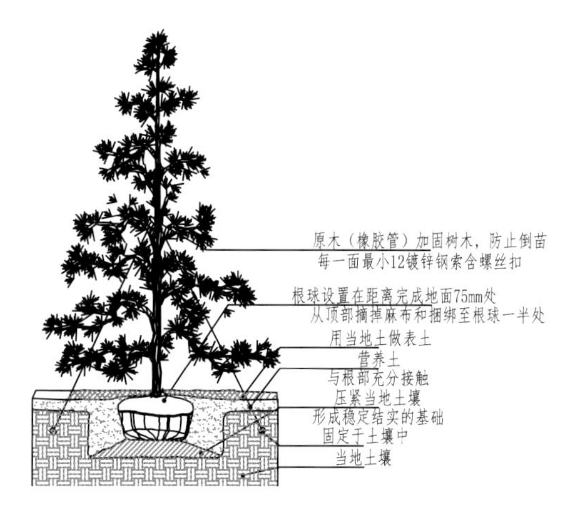

针叶树种植详图

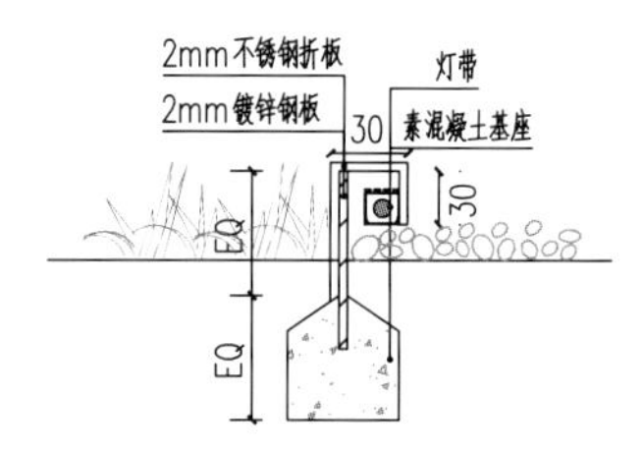

不锈钢藏灯带做法

图书在版编目（CIP）数据

新中式造园 / 叶科，蔡辉编著. -- 南京：江苏凤凰美术出版社，2023.10
ISBN 978-7-5741-1304-6

Ⅰ. ①新… Ⅱ. ①叶… ②蔡… Ⅲ. ①庭院—园林设计—中国—现代 Ⅳ. ①TU986.2

中国国家版本馆CIP数据核字(2023)第180550号

出版统筹 王林军
策划编辑 段建姣
责任编辑 孙剑博
责任设计编辑 韩 冰
装帧设计 毛欣明
责任校对 王左佐
责任监印 唐 虎

书 名 新中式造园
编 著 叶 科 蔡 辉
出版发行 江苏凤凰美术出版社（南京市湖南路1号 邮编：210009）
总 经 销 天津凤凰空间文化传媒有限公司
印 刷 雅迪云印（天津）科技有限公司
开 本 787mm×1092mm 1/16
印 张 10.5
版 次 2023年10月第1版 2023年10月第1次印刷
标准书号 ISBN 978-7-5741-1304-6
定 价 98.00元

营销部电话 025-68155675 营销部地址 南京市湖南路1号
江苏凤凰美术出版社图书凡印装错误可向承印厂调换